Chemie plus

W0349344

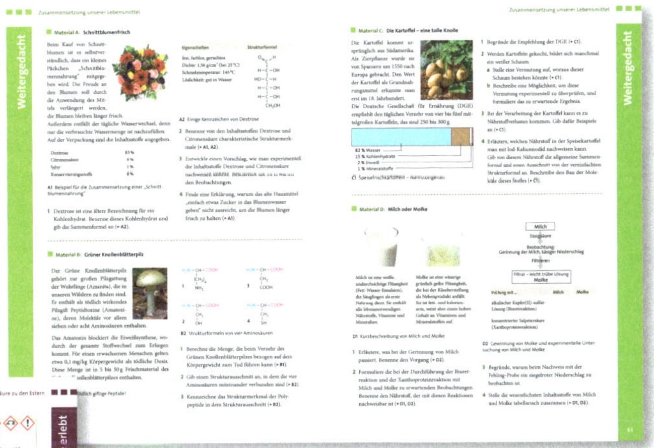


## WEITERGEDACHT

Hier wird es knifflig: Ähnlich wie in einer Leistungskontrolle fordern dich diese Aufgaben heraus! Beschäftige dich zuerst mit dem vorgestellten Material, damit du diese Aufgaben lösen kannst. Zusätzliche Aufgaben zur Überprüfung des Grundwissens findest du am Kapitelende unter *Teste dich*.

## CHEMIE ERLEBT

Themen, die die Chemie lebendig machen: Energie, Umwelt, Geschichte, Gesundheit und mehr – mit Texten, Abbildungen und Experimenten, die tiefer in die Anwendungsbereiche der Chemie einsteigen lassen

# Chemie plus

| | |
|---|---|
| Autoren: | Dr. Karin Arnold, Michaela Böttger, Dr. Holger Fleischer, Steffen Schäfer, Inge Töwe |
| mit Beiträgen von: | Dr. Barbara Arndt, Prof. Dr. Volkmar Dietrich (†), Dr. Uwe Lüttgens |
| Herausgeber: | Dr. Karin Arnold |
| Berater: | Steffen Schäfer (Dresden), Inge Töwe (Hirschstein) |
| Redaktion: | Dr. Angelika Fallert-Müller, Dr. Claudia Seidel, Sven Wilhelm |
| Designberatung: | Ellen Meister |
| Illustration und Grafik: | Atelier tigercolor, Tom Menzel; Birgit Janisch; Detlef Seidensticker |
| Umschlaggestaltung: | Ulrike Kuhr, Corinna Babylon |
| Layout und technische Umsetzung: | EYES-OPEN, Berlin |

**www.cornelsen.de**

Das Buch setzt die neue EU-Verordnung zur Einstufung und Kennzeichnung von Chemikalien um (Globally Harmonised System of Classification and Labelling of Chemicals, GHS).

Experimente sind in der Regel Schüler-Experimente. Wenn sie durch ein L markiert sind, dürfen sie nur durch die Lehrerin oder den Lehrer durchgeführt werden. Zu den Experimenten im Buch sind editierbare Gefährdungsbeurteilungen als Download erhältlich (978-3-06-010280-8).

1. Auflage, 2. Druck 2018

Alle Drucke dieser Auflage sind inhaltlich unverändert und können im Unterricht nebeneinander verwendet werden.



Druck: Mohn Media Mohndruck, Gütersloh

ISBN 978-3-06-012907-2 (Schülerbuch)
ISBN 978-3-06-012916-4 (E-Book)

PEFC
PEFC/04-31-1033

**PEFC zertifiziert**
Dieses Produkt stammt aus nachhaltig bewirtschafteten Wäldern und kontrollierten Quellen.

**www.pefc.de**

# Chemie plus

Klasse 10
Gymnasium
Sachsen

VOLK UND WISSEN

# Inhalt

## DEN STOFFEN ANALYTISCH AUF DER SPUR 64

## MODERNE WERKSTOFFE – KUNSTSTOFFE 92

## ANHANG 114



✗ Wahlpflichtbereich

# Erinnere dich

## Das hast du in der 9. Klasse gelernt.

### WÄSSRIGE LÖSUNGEN

**Saure Lösungen**

- Überschuss an Wasserstoff-Ionen
- entstehen durch Lösen einer Säure in Wasser
- $HCl \rightleftharpoons H^+ + Cl^-$

**Basische Lösungen**

- Überschuss an Hydroxid-Ionen
- entstehen durch Lösen einer Base in Wasser
- $NaOH \rightleftharpoons Na^+ + OH^-$

**Neutrale Lösungen**

- weder sauer noch basisch
- Wasserstoff-Ionen und Hydroxid-Ionen in gleicher (geringer) Anzahl

### CHEMISCHE REAKTION NEUTRALISATION

Wasserstoff-Ionen einer sauren Lösung reagieren mit Hydroxid-Ionen einer basischen Lösung.

$$H^+ + OH^- \longrightarrow H_2O$$

**Salze**

als Reaktionsprodukte

$H^+ + Cl^- + Na^+ + OH^- \longrightarrow$
$Na^+ + Cl^- + H_2O$ | exotherm

### QUANTITATIVE GRÖSSEN IN DER CHEMIE

**Masse *m***

einer Stoffportion

$m = n \cdot M$

bzw.

**Teilchenanzahl *N***

einer Stoffportion

$N = n \cdot 6 \cdot 10^{23} \frac{1}{mol}$

**Volumen *V***

einer Gasportion

$V = n \cdot V_m$

**Molare Masse *M***

eines Stoffes

$M = \frac{m}{n}$ bzw.

**Molares Volumen**

eines Gases

$V_m = \frac{V}{n}$

**Stoffmenge *n***

einer Stoffportion

$n = \frac{m}{M}$

bzw.

$n = \frac{V}{V_m}$

# KOHLENSTOFF-VERBINDUNGEN

## Anorganische Verbindungen

### Oxide des Kohlenstoffs

- Kohlenstoffmonooxid
- Kohlenstoffdioxid

### Kohlensäure

### Carbonate

- Calciumcarbonat

### Hydrogencarbonate

- Natriumhydrogencarbonat

## Organische Verbindungen

### Kettenförmige Kohlenwasserstoffe

**gesättigte Kohlenwasserstoffe**

Alkane

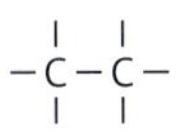

$C_nH_{2n+2}$

**ungesättigte Kohlenwasserstoffe**

Alkene

$C_nH_{2n}$

Alkine

$-C \equiv C-$

$C_nH_{2n-2}$

### Verbindungen mit funktionellen Gruppen im Molekül

**Alkohole**

Alkanole

$R-\overline{\underline{O}}-H$

$C_nH_{2n+1}OH$

mehrwertige Alkohole

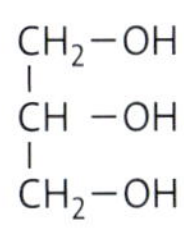

**Aldehyde**

Alkanale

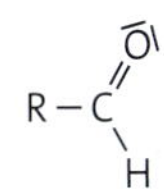

# ORGANISCH-CHEMISCHE REAKTIONEN

### Substitution

Austausch von Atomen oder Atomgruppen zwischen den Molekülen der Ausgangsstoffe

$CH_3-CH_3 + Br_2 \longrightarrow CH_3-CH_2Br + HBr$

### Eliminierung

Abspaltung von mindestens zwei Atomen oder Atomgruppen aus je einem Molekül des Ausgangsstoffs

$CH_3-CH_3 \longrightarrow CH_2=CH_2 + H_2$

### Addition

Vereinigung von jeweils zwei Molekülen der Ausgangsstoffe zu einem Molekül des Reaktionsprodukts

$CH_2=CH_2 + Br_2 \longrightarrow CH_2Br-CH_2Br$

# Von der Essigsäure zu den Estern

Die Blüten der Hyazinthen strömen einen angenehmen süßen Duft aus. Früchte wie Ananas, Erdbeeren oder Trauben riechen und schmecken köstlich süß und fruchtig. Auch Fruchtgummis haben ein fruchtiges Aroma. Die Duft- und Aromastoffe gehören zur Stoffgruppe der Ester. Ihre Moleküle enthalten einen Carbonsäureteil. Ein bekannter Vertreter der Carbonsäuren, die Essigsäure, hat ein saures würziges Aroma und wird als Würzmittel in Dressings sowie als Konservierungsmittel verwendet.

# Eigenschaften von Essig und Essigsäure

## Exp. 1 Elektrische Leitfähigkeit von Speiseessig, Essigessenz und Essigsäure

Baue eine Apparatur wie in der Skizze auf. Vergleiche bei konstanter Spannung anhand der Helligkeit der Glühlampe, wie gut Speiseessig, Essigessenz (GHS05) und reine Essigsäure (GHS05) den elektrischen Strom leiten. Verwende dazu jeweils 10 ml der Flüssigkeit.

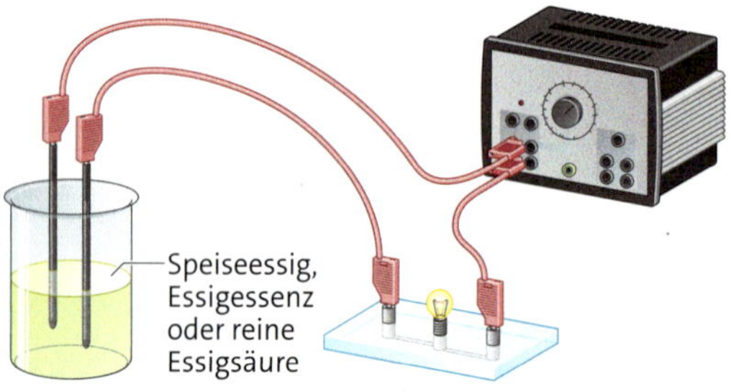


Deute das Ergebnis.
*Entsorgung:* Lösungen weiterverwenden.

## Exp. 2 Untersuchen von Lösungen mit einem pH-Meter

Fülle 10 ml Speiseessig [*w*(Essigsäure) = 5 %] in ein kleines Becherglas. Bestimme mithilfe eines pH-Meters den pH-Wert. Wiederhole den Versuch mit Essigessenz [*w*(Essigsäure) = 25 %; GHS05] und reiner Essigsäure [*w*(Essigsäure) = 100 %; GHS05]. Notiere alle pH-Werte und deute diese.
*Entsorgung:* Lösungen weiterverwenden.

## Exp. 3 Reaktion von Essig mit Kalk

Gib ca. 10 ml Speiseessig [*w*(Essigsäure) = 5 %] und eine Spatelspitze Kalk (Calciumcarbonat) in ein Reagenzglas. Beobachte die einsetzende Reaktion. Stelle eine Hypothese auf, wie eines der Reaktionsprodukte identifiziert werden kann.
*Entsorgung:* Lösung ins Abwasser geben.

## Exp. 4 Schmelztemperatur von Essigsäure

Fülle 10 ml reine Essigsäure (GHS05) in ein großes Reagenzglas, in dem sich auch ein Thermometer befindet. Stelle das Reagenzglas in ein Becherglas mit Eiswasser. Rühre die Essigsäure mit dem Thermometer vorsichtig um. Achte auf den Aggregatzustand. Notiere die Temperatur, bei der die Essigsäure kristallisiert. Stelle das Reagenzglas danach in ein Becherglas, das Wasser bei Raumtemperatur enthält. Beobachte die Form der Kristalle und ob sie in der flüssigen Essigsäure sinken oder auf ihr schwimmen.
*Entsorgung:* Essigsäure ins Abwasser geben.

## Exp. 5 Brennbarkeit von Essigsäure

Untersuche die Brennbarkeit von:
- Speiseessig [*w*(Essigsäure) = 5 %]
- Essigessenz [*w*(Essigsäure) = 25 %; GHS05]
- reiner Essigsäure [*w*(Essigsäure) = 100 %; GHS05]

Verwende eine Apparatur wie in der Skizze.

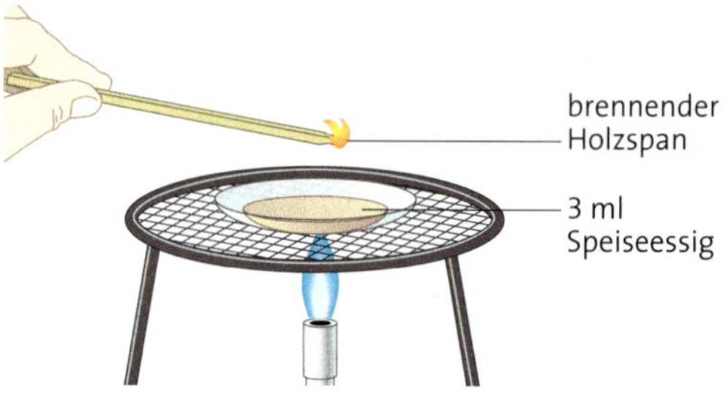


Interpretiere deine Beobachtungen.
*Entsorgung:* Reste ins Abwasser geben.

## Exp. 6 Reaktion von Essig mit einem unedlen Metall

Gib ca. 10 ml Speiseessig [*w*(Essigsäure) = 5 %] und ein ca. 2 cm langes Stück Magnesiumband (GHS02) in ein Reagenzglas. Beobachte die einsetzende Reaktion. Stelle eine Hypothese auf, wie eines der Reaktionsprodukte identifiziert werden kann.
*Entsorgung:* Lösung ins Abwasser geben.

**Exp. 7**

### Reaktion von Essig mit einem Metalloxid

Fülle ca. 10 ml Essigessenz [*w*(Essigsäure) = 25 %; GHS05] in ein kleines Becherglas. Gib einige 1-, 2- oder 5-Cent-Münzen hinzu, deren Oberfläche sichtbar oxidiert wurde.
Die Münzen müssen vollständig von der Essigessenz bedeckt sein. Lass das Becherglas für einige Tage abgedeckt stehen und beobachte danach die Veränderungen der Münzen und der Lösung. Interpretiere deine Beobachtungen.
*Entsorgung:* Lösung ins Abwasser geben, Münzen mit Wasser gut abwaschen und trocknen.

**Exp. 8**

### Reaktion von sauren mit basischen Lösungen

Mische in einem kleinen Becherglas 5 ml Wasser, zehn Tropfen Ethansäure (*w* = 5 %; GHS05) und drei Tropfen Bromthymolblaulösung (GHS02). Tropfe mit einer Tropfpipette Natronlauge (*w* = 10 %; GHS05) zu, bis durch den Indikator eine neutrale Lösung angezeigt wird. Schwenke nach jedem Tropfen das Becherglas vorsichtig, um die Lösungen zu vermischen.
Wiederhole das Experiment unter Verwendung von Methansäure (*w* = 10 %; GHS05) und Kalilauge (*w* = 10 %; GHS05|07).
Notiere deine Beobachtungen und vergleiche beide Reaktionen.
*Entsorgung:* Reste ins Abwasser geben.

**Exp. 9**

### Synthese von Natriumacetat-Trihydrat

Gib zu 0,1 mol Natriumhydrogencarbonat in einem 100-ml-Becherglas langsam 25 g Essigessenz hinzu. Erhitze die Lösung unter Rühren zum Sieden, bis festes Natriumacetat kristallisiert. Nimm ein paar Kristalle heraus und gib zum Rest einige Tropfen Wasser, damit sich der Feststoff wieder löst. Lass die Flüssigkeit auf Umgebungstemperatur abkühlen und gib dann die Kristalle wieder hinzu. Miss die Temperatur, falls die Flüssigkeit kristallisiert.
Deute deine Beobachtungen.
*Entsorgung:* Reste ins Abwasser geben.

**Exp. 10**

### Herstellen von Propansäurepropylester

Gib 2,5 ml Propansäure (GHS02|05), 2,5 ml Propan-1-ol (GHS02|05|07), fünf Tropfen konzentrierte Schwefelsäure (GHS05) und einige Siedesteine in ein Demonstrationsreagenzglas. Erhitze das Reagenzglas im Wasserbad etwa 10 min auf 70 °C. Gieße nach dem Abkühlen die Lösung in eine Petrischale, die einen Spatel Magnesiumcarbonat enthält. Vergleiche den Geruch des Esters mit dem Geruch der Ausgangsstoffe.
*Entsorgung:* Den Ester in einer dunklen Flasche in die Sammlung, die Flüssigkeitsreste in den Behälter für halogenfreie organische Stoffe geben.

**Exp. 11**

### Spaltung von Propansäurepropylester

Gib 25 ml Propansäurepropylester (GHS02|07), 5 ml 10%ige Natronlauge (GHS05) und einige Siedesteine in einen 100-ml-Rundkolben und erhitze unter Rückflusskühlung im Wasserbad etwa 10 min auf Siedetemperatur.

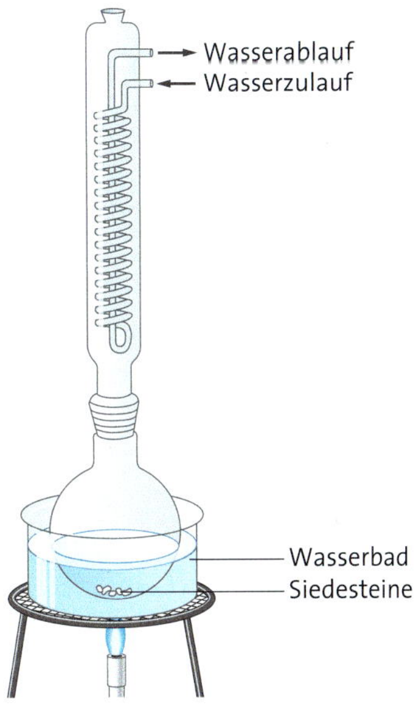


Vergleiche den Geruch des Produkts mit dem Geruch der Ausgangsstoffe.
*Entsorgung:* Reste in Behälter für halogenfreie organische Stoffe geben.

# Essig – ein vielseitiger alltäglicher Stoff

**Essig wird für Salatdressings, zum Würzen von Speisen oder Beizen von Fleisch verwendet. Dabei kann man zwischen verschiedenen Essigsorten wählen, z. B. dem kräftig schmeckenden Rotweinessig oder dem etwas milderen Weißweinessig. Weitere Geschmacksrichtungen erhält man mit Obstessig, der z. B. aus Himbeer- oder Erdbeerwein hergestellt wird.**

**1** Verschiedene Essigsorten

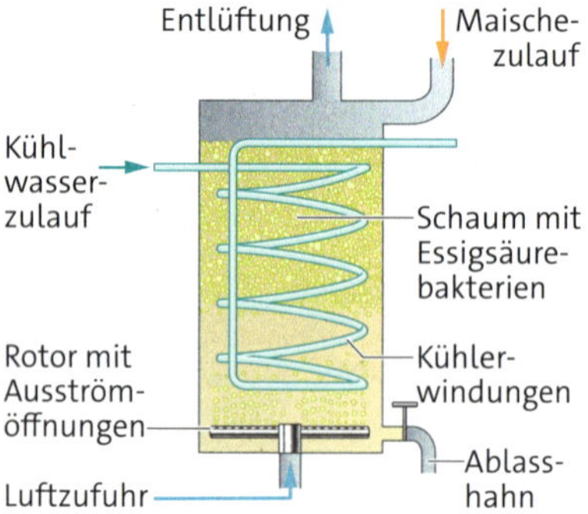


**2** Schematische Darstellung des Submersverfahrens

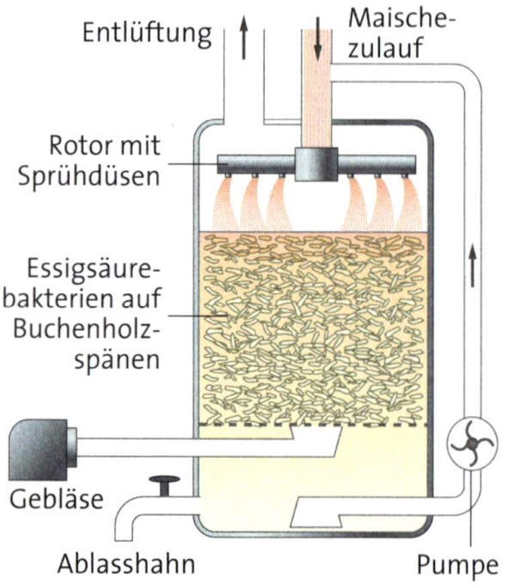


**3** Schematische Darstellung des Schnellessigverfahrens

**Ägypter, Römer und der Essig** Saurer Wein wurde bereits von den Ägyptern vor über 4000 Jahren hergestellt. Der Grund für den sauren Geschmack des Weins ist die Entstehung von Essig. Römische Legionäre hatten auf ihren Märschen mit Wasser verdünnten Essig dabei.

**Speiseessig und Essigessenz** Als Essig werden Lösungen von Essigsäure in Wasser bezeichnet. Je nach gelöstem Massenanteil an Essigsäure unterscheidet man zwischen Speiseessig [$w$(Essigsäure) ≈ 5 %] und Essigessenz [$w$(Essigsäure) ≈ 25 %]. Ob Weinessig, Obstessig oder Branntweinessig, alle enthalten die gleiche Essigsäure.
Die Herstellung dieser Essigsorten beruht auf ähnlichen Verfahren, unterscheidet sich aber in den alkoholischen Ausgangslösungen. Weinessig wird aus Wein hergestellt. Den Obstessig gewinnt man aus dem Apfelwein. Branntweinessig erhält man aus Alkohol, der z. B. aus Korn, Zuckerrüben oder Kartoffeln gewonnen wurde.

**Herstellung von Essig** Steht ein Gefäß mit Wein für längere Zeit offen, so erhält der Wein einen sauren Geschmack. Das liegt an den Essigsäurebakterien, die hineingelangen und den Ethanol mit Sauerstoff zu Essigsäure oxidieren, wodurch Essig entsteht.
Großtechnisch geschieht dies z. B. im Submersverfahren (lat. *submergere:* untertauchen). Dabei wird durch eine Suspension von Essigsäurebakterien in einer wässrigen Ethanollösung ständig Luft geblasen, um die Oxidation zu beschleunigen. Abschließend wird der Essig abfiltriert und durch neue Ethanollösung ersetzt (▸**2**).
Beim Schnellessigverfahren werden ethanolhaltige Flüssigkeiten über mit Essigsäurebakterien geimpfte Buchenholzspäne gerieselt. Von unten strömt im Gegenstrom die zur Oxidation benötigte Luft entgegen (▸**3**).

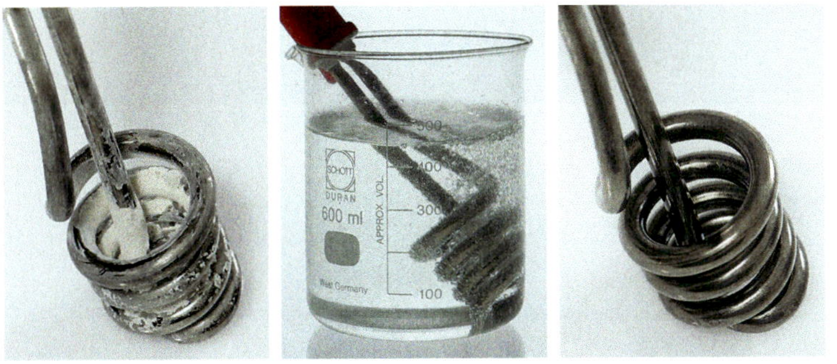


**4** Tauchsieder mit Kalkablagerung vor (links), während (Mitte) und nach der Behandlung mit Essig

**Essig als Reinigungsmittel** Essig wird als Reinigungs- und Desinfektionsmittel verwendet. Entscheidend ist dabei seine saure Eigenschaft. Essigsäure ist deshalb Bestandteil von vielen Haushaltsreinigungsmitteln. Mit Essig können Ablagerungen von Kalk in Wasserkochern, auf Armaturen oder Fliesen entfernt werden (▸ Exp. 3, S. 10; ▸ **4**). Mithilfe von Essig kann man auch Rostflecke entfernen. Aufgrund seiner Bakterien tötenden Wirkung gehört Essig zu den Desinfektionsmitteln.

**Essig im Haushalt** Eine Vielzahl der Essigsorten (Tafel-, Branntwein-, Wein-, Obst- und Kräuteressig) wird als Speisewürze verwendet. Essig ist ein Konservierungs- und Säuerungsmittel (▸ **6**). Durch den Zusatz von Essig wird der pH-Wert von verschiedenen Lebensmitteln so weit abgesenkt, dass dadurch das Wachstum von Hefen und Bakterien gehemmt wird.

Essigsäure ist ein Lebensmittelzusatzstoff mit der EU-Nummer E 260. Sie wird häufig in Kombination mit anderen Konservierungsmitteln eingesetzt. Essig verleiht in seiner Eigenschaft als Säuerungsmittel bestimmten Lebensmitteln ihren besonderen Geschmack.
Essigsäure wird im Stoffwechsel vollständig abgebaut und zur Energiegewinnung genutzt.

**Info**

Das Würzen von Speisen mit Essig dient nicht nur dem Geschmack. Die saure Lösung wirkt auch antibakteriell. Das war zu Zeiten schlechter hygienischer Bedingungen noch wichtiger als heute.

**5** Essig würzt und macht haltbar.

**6** Essig als Konservierungsmittel

## Aufgaben

**1** Auf dem Etikett eines Reinigungsmittels, das Essig enthält, steht folgender Hinweis: „Nicht auf Marmor anwenden!" Recherchiere, um welchen Stoff es sich bei Marmor handelt, und gib dann eine Begründung für den Hinweis an.

**2** Entwickle für das Auflösen des Rosts eine Reaktions- und Ionengleichung. Verwende für Rost die vereinfachte Formel $Fe_2O_3$.

**3** Der Gärbehälter ist bei der Weinherstellung durch einen wassergefüllten Göraufsatz verschlossen, durch den das entstehende Kohlenstoffdioxid entweicht. Ohne Aufsatz kann es passieren, dass der Wein sauer schmeckt. Erkläre.

**4** Suche in Küche und Bad nach Produkten, die den Inhaltsstoff Essig ausweisen. Ordne die Produkte nach folgenden Gesichtspunkten:

| Würzmittel | Konservierungsmittel | Reinigungsmittel | Desinfektionsmittel |
|---|---|---|---|

# Ethansäure

**Im antiken Rom wurde Wein häufig aus Gefäßen aus Blei getrunken. Enthielt der Wein Essigsäure, so entstand durch eine chemische Reaktion lösliches Bleiacetat. Dadurch gelangten giftige Blei-Ionen in den Körper. Ähnliches galt für Geschirr aus Hartzinn, das Blei enthielt.**
**Bleiacetat wurde aber auch bis ins 19. Jahrhundert als Süßungsmittel („Bleizucker") verwendet und saurem Wein zugesetzt.**

1 Durch Nutzung von bleihaltigen Zinngefäßen sind Bleivergiftungen möglich.

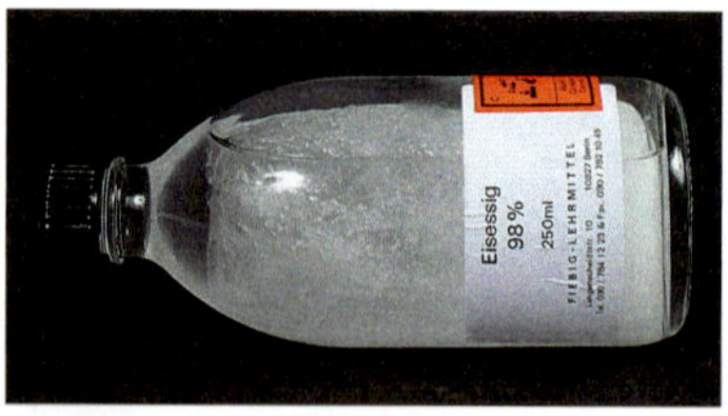


2 Unter 16 °C erstarrt reine Essigsäure (Eisessig).

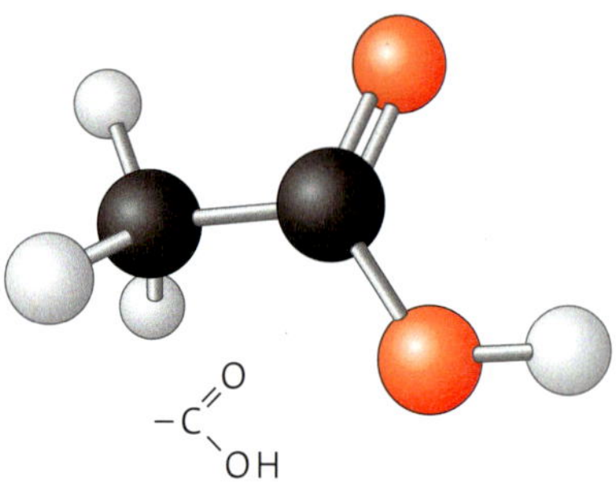


3 Molekülmodell von Ethansäure und Strukturformel der Carboxylgruppe

**Eisessig** Die in Essig enthaltene Essigsäure ist eine farblose, stechend riechende und stark ätzende Flüssigkeit. Reine Essigsäure ist brennbar (▸ Exp. 5, S. 10). Lagert man reine Essigsäure in kühlen Räumen, so wird sie fest. Deswegen wird sie auch Eisessig genannt (▸ Exp. 4, S. 10; **2**). Essigsäure in reiner Form wird hauptsächlich aus Methanol und Kohlenstoffmonooxid hergestellt.

**Bau des Essigsäuremoleküls** Das Grundgerüst des Essigsäuremoleküls besteht aus zwei Kohlenstoffatomen (▸ **3**). Deshalb wird Essigsäure systematisch als **Ethansäure** bezeichnet. Ethansäure entsteht durch Oxidation von Ethanal. Dabei wird die Aldehydgruppe (–CHO) des Ethanalmoleküls in die **Carboxylgruppe** (**–COOH**) – eine Kombination aus Carbonylgruppe (–C=O) und Hydroxylgruppe (–OH) – umgewandelt.

**Lösen von Ethansäure in Wasser** Reine Ethansäure leitet den elektrischen Strom nicht, da in ihr keine frei beweglichen Ionen vorliegen (▸ Exp. 1, S. 10). Löst man Ethansäure in Wasser, so wird in der Carboxylgruppe der Ethansäure die Bindung zwischen dem Wasserstoffatom und dem Sauerstoffatom gespalten. Das gemeinsame Elektronenpaar verbleibt beim Sauerstoffatom (▸ **4**). Die Carboxylgruppe wird zur Carboxylatgruppe ($-COO^-$). Die Lösung enthält positiv geladene Wasserstoff-Ionen und negativ geladene **Ethanoat-Ionen** (Acetat-Ionen, $CH_3COO^-$).

$$\underset{\text{Ethansäure}}{CH_3{-}COOH} \longrightarrow H^+ + \underset{\text{Acetat-Ion}}{CH_3{-}COO^-}$$

Diese frei beweglichen Ionen sind für die elektrische Leitfähigkeit von Essig und Essigessenz verantwortlich. Die Wasserstoff-Ionen sind die Ursache für die saure Reaktion von Essig und Essigessenz (▸ Exp. 2, S. 10).

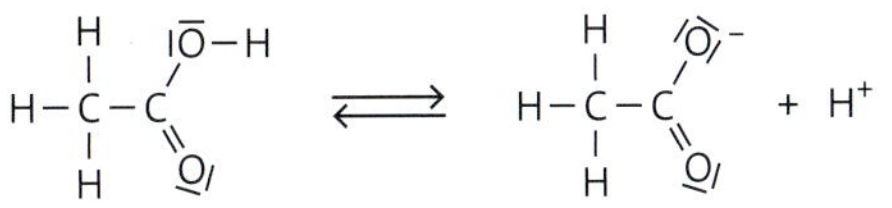

**4** Teilchenveränderung beim Lösen von Ethansäure in Wasser

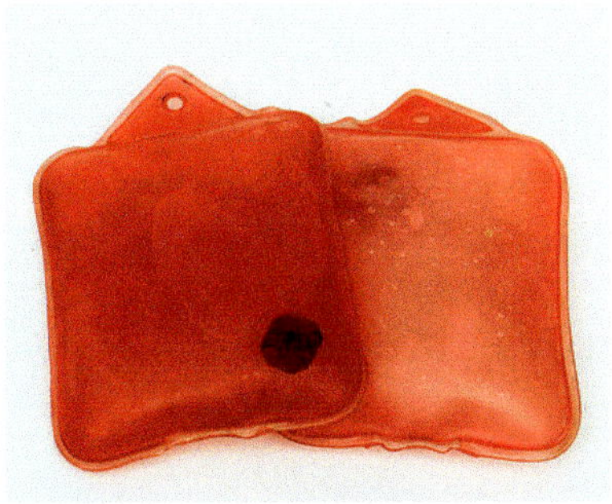

**6** Handwärmer mit flüssigem und festem Natriumacetat-Trihydrat

**Salze der Ethansäure** Durch Reaktion wässriger Ethansäurelösungen mit verschiedenen Partnern können Salze der Ethansäure (Acetate) erhalten werden, wenn das Wasser nach Abschluss der Reaktion verdampft wird. So reagieren unedle Metalle in einer Redoxreaktion mit Ethansäure, bei der Metallatome zu Metall-Kationen oxidiert und Wasserstoff-Ionen zu Wasserstoffmolekülen reduziert werden (▸Exp. 6, S. 10).
Bei der Reaktion von Essigsäure mit Natriumhydroxidlösung entsteht Natriumacetatlösung (▸Exp. 8, S. 11). Bei dieser Neutralisation vereinigen sich Wasserstoff- und Hydroxid-Ionen zu Wassermolekülen. Neutralisationsreaktionen sind exotherm verlaufende chemische Reaktionen (▸**5**).
Durch den Einsatz von geeigneten Indikatoren (z. B. Bromthymolblaulösung) kann eine Neutralisation exakt durchgeführt werden (▸Exp. 8, S. 11).
Metalloxide und Carbonate reagieren ebenfalls mit Ethansäurelösungen zu den entsprechenden Acetaten (▸Exp. 3, S. 10; Exp. 7, S. 11; ▸**5**). Deshalb eignen sich Ethansäurelösungen als Entkalker für Armaturen, Duschkabinen und Heizstäbe von Wasserkochern (▸**7**).
Aus Natriumhydrogencarbonat und Ethansäure kann Natriumacetat-Trihydrat ($NaCH_3COO \cdot 3\ H_2O$) hergestellt werden. Dieses Salz findet man z. B. in Handwärmern (▸Exp. 9, S. 11; ▸**6**).

**7** Ethansäure in Haushaltsreinigern

**Verdünnte Ethansäure reagiert sauer und leitet den elektrischen Strom. Ethansäure reagiert mit unedlen Metallen, Metalloxiden und Carbonaten zu Salzen. Die Salze der Ethansäure heißen Acetate.**

$$2\ CH_3COO^- (aq) + 2\ H^+ (aq) + Mg (s) \longrightarrow Mg^{2+} (aq) + 2\ CH_3COO^- (aq) + H_2 (g)$$
$$CH_3COO^- (aq) + H^+ (aq) + Na^+ (aq) + OH^- (aq) \longrightarrow Na^+ (aq) + CH_3COO^- (aq) + H_2O (l)$$
$$2\ CH_3COO^- (aq) + 2\ H^+ (aq) + CuO (s) \longrightarrow Cu^{2+} (aq) + 2\ CH_3COO^- (aq) + H_2O (l)$$
$$2\ CH_3COO^- (aq) + 2\ H^+ (aq) + CaCO_3 (s) \longrightarrow Ca^{2+} (aq) + 2\ CH_3COO^- (aq) + CO_2 (g) + H_2O (l)$$

**5** Ionengleichungen – Bildung von Acetaten

## Aufgaben

**1** Erläutere den bei der Reaktion von Magnesium mit Ethansäurelösung stattfindenden Elektronenübergang (▸**5**).

**2** Zu einer Portion Ethansäure wird tropfenweise Wasser gegeben und dabei ständig die elektrische Leitfähigkeit gemessen. Am Ende des Experiments ist die Lösung so verdünnt, dass sie sich kaum von reinem Wasser unterscheidet. Skizziere in einem Diagramm die Leitfähigkeit (*y*-Achse) gegen den Wasseranteil (*x*-Achse; in Ethansäure ist der Wasseranteil gleich null, am Ende beträgt er eins).

**3** Entwickle die Reaktionsgleichung für die Bildung von Ethansäure aus Methanol und Kohlenstoffmonooxid. Nenne einen Vorteil dieser Synthese gegenüber der Herstellung von Ethansäure aus Wein mit Essigsäurebakterien.

**4** Erläutere das Wesen einer Neutralisation am Beispiel der Reaktion von Methansäure mit Kalilauge.

# Carbonsäuren

**1** Die Methansäure in Brennnesseln reizt die Haut bei Kontakt.

**Exp. 12** | **L**

### Wirkung von Tollens-Reagenz auf Methansäure

In je ein Reagenzglas werden zwei Tropfen Methansäure bzw. Ethansäure (beides GHS02|05) gegeben. Mit verdünnter Ammoniaklösung (GHS02|07|09) wird ein pH-Wert von 9 bis 10 eingestellt, ehe einige Tropfen verdünnte Silbernitratlösung (GHS07) hinzugefügt werden. Zur Beschleunigung der Reaktion werden die Reagenzgläser in ein heißes Wasserbad gestellt.

**Methansäure** Wird Methanal oxidiert, entsteht Methansäure (Ameisensäure). Ihre Moleküle enthalten genauso wie die Moleküle der Ethansäure eine Carboxylgruppe, wodurch ihre wässrigen Lösungen sauer reagieren. Methan- und Ethansäure sind **Carbonsäuren**.

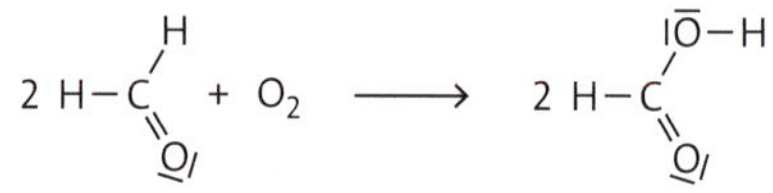

Methansäure kommt in der Natur nicht nur in Ameisen vor, sondern z. B. auch in Brennnesseln (▸**1**). In ihren meisten chemischen Eigenschaften ist sie der Ethansäure ähnlich. Allerdings besitzt das Methansäuremolekül noch eine Aldehydgruppe, die es der Methansäure ermöglicht, z. B. Silber-Ionen zu Silberatomen zu reduzieren (▸Exp. 12).

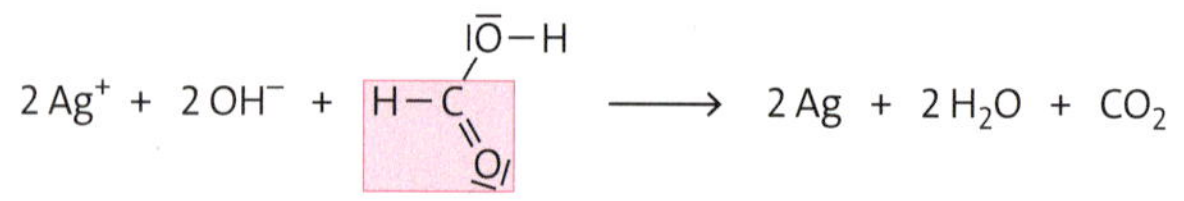

**Carbonsäuren sind Oxidationsprodukte von Aldehyden. Ihre Moleküle enthalten die Carboxylgruppe.**

**Alkansäuren** Verknüpft man die Carboxylgruppe mit einer Alkylgruppe, so erhält man ein Molekül aus der homologen Reihe der **Alkansäuren.** Sie haben die allgemeine Molekülformel $C_nH_{2n+1}COOH$. Langkettige Alkansäuren wie Octadecansäure ($C_{17}H_{35}COOH$, Stearinsäure) findet man chemisch gebunden in Fetten.
Die ersten vier Vertreter lösen sich unbegrenzt, die nachfolgenden zunehmend schlechter in Wasser. Im Gegensatz zu den Siedetemperaturen verhalten sich die Schmelztemperaturen innerhalb dieser Reihe unregelmäßig (▸**4**). Dies liegt z. T. an den unterschiedlichen Kristallstrukturen. Methan- und Ethansäure bilden Molekülketten, in denen Einzelmoleküle über Wasserstoffbrücken miteinander verbunden sind. Die übrigen Alkansäuren liegen als **Dimere** vor (▸**3**).

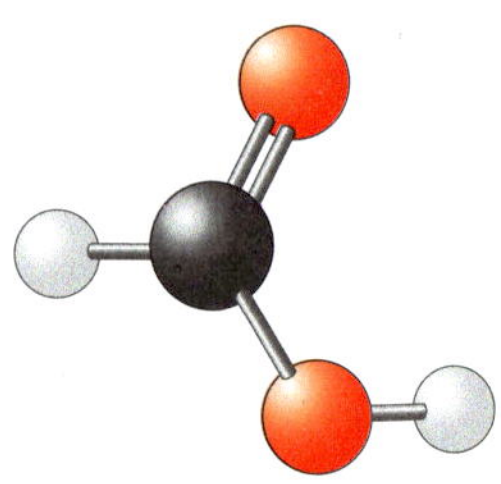

**2** Molekülmodell von Methansäure

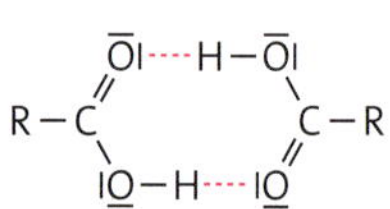

**3** Dimer aus zwei Alkansäuremolekülen (R: Alkylgruppe), die über Wasserstoffbrücken verbunden sind

| Alkansäure | Schmelztemperatur in °C | Siedetemperatur in °C |
|---|---|---|
| Methansäure | 8 | 101 |
| Ethansäure | 17 | 118 |
| Propansäure | −21 | 141 |
| Butansäure | −5 | 164 |
| Pentansäure | −34 | 186 |
| Hexansäure | −3 | 205 |
| Octansäure | 17 | 239 |
| Octadecansäure | 69 | – |

**4** Schmelz- und Siedetemperaturen einiger Alkansäuren

**Alkensäuren** Von den Alkenen leiten sich die Alkensäuren ab, die zur Gruppe der **ungesättigten Fettsäuren** gehören. Auch in ihren Molekülen liegt eine Carboxylgruppe vor. Ölsäure ist ein Beispiel für eine einfach ungesättigte Fettsäure.

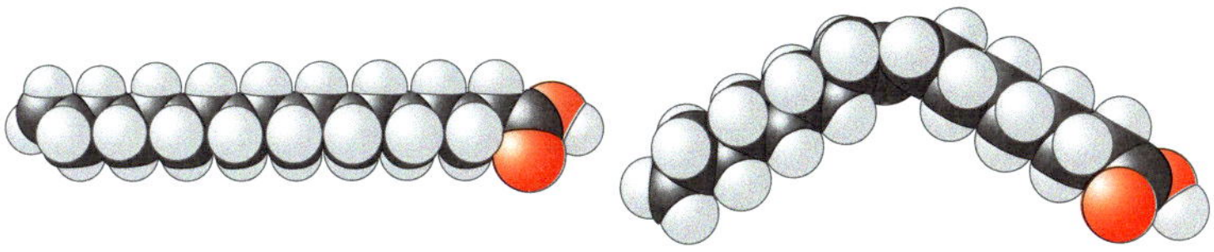

**5** Kalottenmodell von Stearinsäure und Ölsäure im Vergleich

Durch die Doppelbindung hat das Ölsäuremolekül einen „Knick" (▸**5**). Dadurch wird das Anordnen der Moleküle beim Kristallisieren erschwert, weshalb Ölsäure schon oberhalb von 17 °C schmilzt. Aus diesem Grund sind Öle, die einen höheren Anteil chemisch gebundener Ölsäure besitzen, bei Raumtemperatur flüssig.
Hat das Carbonsäuremolekül mehr als eine Doppelbindung, so liegt eine mehrfach ungesättigte Fettsäure vor. Ein Beispiel ist Linolensäure, die chemisch gebunden im Leinöl und Walnussöl vorkommt.

**Info**
Früher hat man angenommen, dass der Muskelkater auf die Übersäuerung der Muskulatur durch Milchsäure zurückgeht. Diese Hypothese wurde widerlegt, weil der Schmerz oft erst einige Stunden nach der Anstrengung auftritt. Milchsäure wird im Körper aber innerhalb einer Stunde fast vollständig abgebaut.

**Carbonsäuren mit weiteren funktionellen Gruppen** Weitere Carbonsäuren können mehrere gleiche oder unterschiedliche funktionelle Gruppen im Molekül enthalten. Oxalsäure (Ethandisäure) ist eine **Dicarbonsäure**, weil sich in ihren Molekülen zwei Carboxylgruppen befinden (▸**7**).
Milchsäure (2-Hydroxypropansäure, ▸**6**) entsteht nicht nur in Milch, sondern auch beim Abbau von Kohlenhydraten in unserem Körper. Sprintest du mehrere Runden um den Sportplatz, dann steigt ihre Konzentration im Blut stark an. Milchsäure ist ein Vertreter der **Hydroxycarbonsäuren**. Sie enthält neben der Carboxylgruppe auch noch eine Hydroxylgruppe. Der saure Geschmack von Früchten liegt an den darin enthaltenen Carbonsäuren, z. B. der Citronensäure (▸**6**, **8**). Aber auch tierische Lebewesen produzieren Citronensäure als Zwischenprodukt ihres Fettstoffwechsels. Die Citronensäure ist ebenfalls eine Hydroxycarbonsäure.

$$CH_3-\underset{OH}{\underset{|}{CH}}-COOH \qquad HOOC-\underset{OH}{\underset{|}{CH}}-CH_2-COOH \qquad HOOC-CH_2-\overset{COOH}{\overset{|}{\underset{OH}{\underset{|}{C}}}}-CH_2-COOH$$

**6** Strukturen von Milchsäure (li.), Äpfelsäure (Mitte) und Citronensäure (re.)

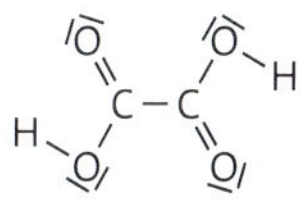

$HOOC-COOH$

**7** Strukturformel und Halbstrukturformel der Oxalsäure

**8** Sauer schmeckende Zitrusfrüchte

## Aufgaben

**1** Begründe die stetige Zunahme der Siedetemperatur und die Abnahme der Wasserlöslichkeit in der homologen Reihe der Alkansäuren.

**2** Entwickle die Gleichungen für die vollständige Dissoziation von:
**a** Oxalsäure, **b** Milchsäure, **c** Citronensäure.

**3** Erläutere den Haushaltstipp, angeschnittene Zitronen nicht in Aluminiumfolie einzuwickeln.

**4** Oxalate sind Salze der Oxalsäure.
Entwickle die Reaktionsgleichung und die Ionengleichung für die Bildung von Natriumoxalat durch Neutralisation.

# Carbonsäureester

**Im Supermarkt ist eine Obstlieferung angekommen. Eine Mitarbeiterin sieht sich die Früchte gründlich an. Dann informiert sie den Marktleiter, dass die Trauben komplett verfault sind und außerdem „nach Lösungsmittel“ riechen.**

**1** Warum riechen die Trauben nach „Lösungsmittel“?

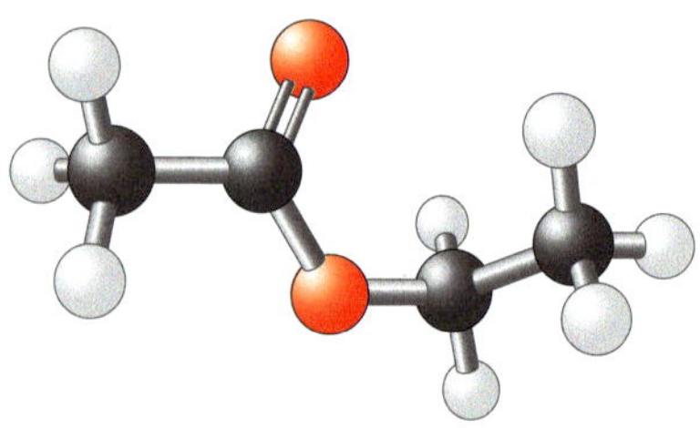

**2** Molekülmodell von Ethansäureethylester

**Ethansäureethylester** Die Trauben hatten keinen Kontakt mit Klebstoffen oder Nagellack. Durch Gärung und Oxidation wurde Traubenzucker teilweise in Ethanol und Ethansäure umgewandelt. Reagieren diese beiden Stoffe miteinander, dann entsteht **Ethansäureethylester**, ein Stoff, der auch als Lösungsmittel u. a. für Klebstoffe eingesetzt wird. Er ist gut an seinem typischen Geruch zu erkennen.
Die Synthese von Ethansäureethylester gelingt auch ohne Hilfe von Bakterien und Enzymen, wenn eine starke Säure als Katalysator eingesetzt wird (▸ Exp. 13).

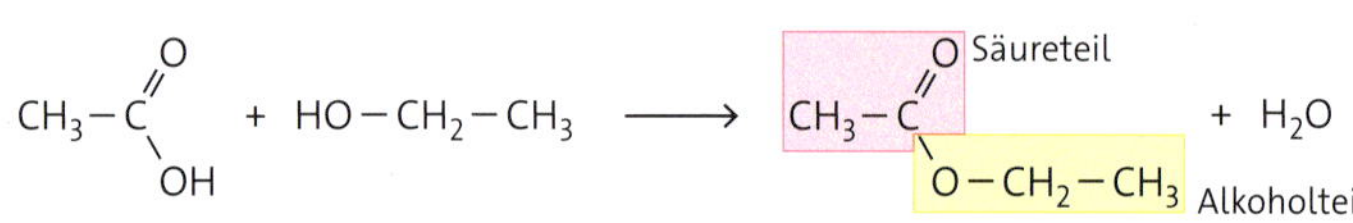


**Exp. 13**

### Synthese von Ethansäureethylester

Gib in ein Reagenzglas mit seitlichem Ansatz 2 ml Ethansäure (GHS02|05), 2 ml Ethanol (GHS02) und eine Spatelspitze Natriumhydrogensulfat (GHS05). Befestige am seitlichen Ansatz ein gewinkeltes Rohr, das in ein kleines Reagenzglas mündet. Erhitze das Reagenzglas mit der Reaktionsmischung für 5 min in siedendem Wasser. Stelle das leere Reagenzglas in ein Eis-Wasser-Bad und fange das das Reaktionsprodukt enthaltende Destillat auf. Führe mit dem Destillat eine Geruchsprobe durch. Gib dann etwa das gleiche Volumen Wasser hinzu und beobachte, ob sich das Destillat in Wasser löst.
*Entsorgung:* Destillat für Exp. 14 aufbewahren.

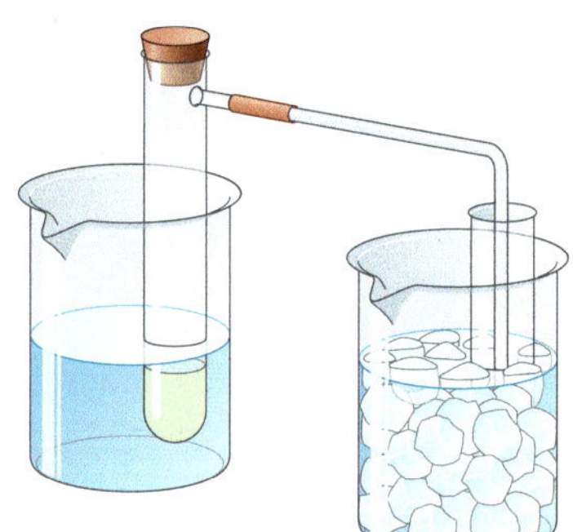

**Exp. 14** **Lösungseigenschaften von Ethansäureethylester**

Verteile auf einem Uhrglas einen Tropfen lösungsmittelhaltigen Klebstoff und lass ihn trocknen.
Gib aus der oberen Phase des Destillats aus Exp. 13 (enthält das Reaktionsprodukt) einige Tropfen auf den Kleber und beobachte, ob er sich löst. Wiederhole den Versuch mit Ethanol.
*Entsorgung:* Reste in Behälter für giftige organische Abfälle geben.

**Lösungsmittel für Klebstoffe und Lacke** Im Gegensatz zu Ethansäure und Ethanol löst sich Ethansäureethylester nicht unbegrenzt in Wasser (▸ Exp. 13). In Ethanol, Aceton oder Heptan hingegen löst er sich sehr gut. Da viele Klebstoffe aus großen, schwach polaren Molekülen bestehen, eignet sich Ethansäureethylester als Lösungsmittel (▸ Exp. 14).

**Carbonsäureester** Reagiert eine Carbonsäure, $R^1COOH$, mit einem Alkohol, $R^2OH$, so entstehen Wasser und ein **Carbonsäureester**. Die Reaktion wird als **Veresterung** bezeichnet. Da Wasser entsteht, ist die Veresterung eine **Kondensationsreaktion**. $R^1$, $R^2$ stehen für beliebige Molekülgruppen, z. B. Alkylgruppen.
Die Veresterung gehört zu den Substitutionsreaktionen, weil zwischen der Carbonsäure und dem Alkohol Atome ausgetauscht werden.
Carbonsäureester enthalten als charakteristisches Strukturmerkmal die **Estergruppe**:

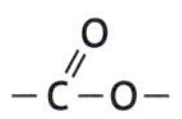

Der Name eines Esters wird aus den Namen der Ausgangsstoffe abgleitet (▸ **4**).
Die Veresterung wird durch starke Säuren (z. B. Schwefelsäure) katalysiert. Sie ist aber auch unter den gleichen Bedingungen umkehrbar. Versetzt man einen Carbonsäureester mit Wasser und etwas Schwefelsäure, so entstehen eine Carbonsäure und ein Alkohol:

$$R^1COOH + R^2OH \underset{\text{Esterspaltung}}{\overset{\text{Veresterung}}{\rightleftharpoons}} R^1COOR^2 + H_2O$$

**Spaltung von Estern** Da die Esterspaltung unter Wasseraufnahme erfolgt, wird diese Reaktion als **Hydrolyse** bezeichnet. Durch Natronlauge werden Carbonsäureester ebenfalls gespalten. Dabei entstehen der Alkohol und das Natriumsalz der Carbonsäure. Schon früher wurden mit diesem chemischen Verfahren aus Fetten Seifen hergestellt. Danach wird die chemische Reaktion der Esterspaltung auch als **Verseifung** bezeichnet. Auch diese Reaktion ist eine Substitutionsreaktion.

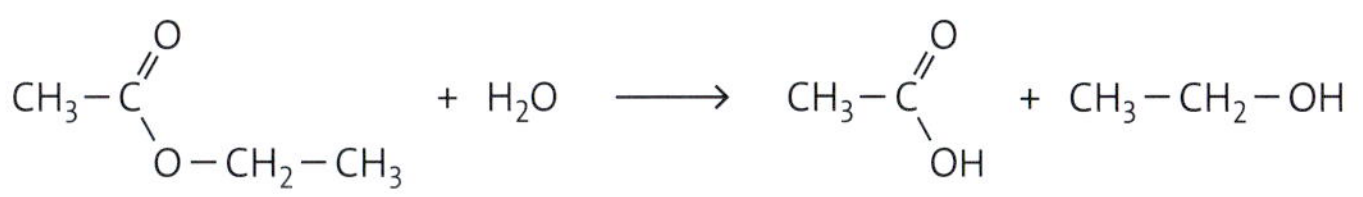

**Die Veresterung ist eine chemische Reaktion von Carbonsäuren mit Alkoholen. Dabei entstehen ein Ester und Wasser. Ester lassen sich durch Hydrolyse spalten. Die Veresterung ist eine umkehrbare chemische Reaktion.**

**Info**

Acetylsalicylsäure (Aspirin), das älteste synthetische Schmerzmittel, ist ein Carbonsäureester aus Ethansäure und Salicylsäure. Letztere reagiert dabei als Alkohol, weil ihr Molekül eine Hydroxylgruppe enthält.

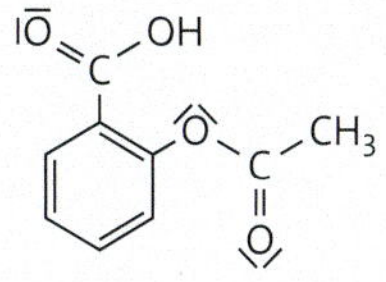

**3** Acetylsalicylsäure

$$C_3H_7COOH + CH_3OH \longrightarrow C_3H_7COOCH_3 + H_2O$$

Butansäure + Methanol ⟶ Butansäuremethylester + Wasser

**4** Ein Beispiel für Veresterung verdeutlicht die Namensgebung.

## Aufgaben

**1** Zeichne die Strukturformel des Carbonsäureesters, der aus Propansäure und Propan-2-ol entsteht.

**2** Der Carbonsäureester, dessen Strukturformel gezeigt ist, riecht intensiv nach Banane. Erläutere durch Zerlegung der gezeigten Strukturformel, welche Carbonsäure und welches Alkanol zur Synthese dieses Esters benötigt werden.

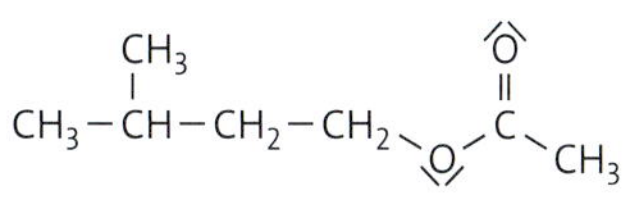

**3** Bei der Veresterung entsteht neben Ester auch Wasser. Beschreibe dessen Bildung am Beispiel der Reaktion von Butansäure und Methanol (▸ **4**).

**4** Beschreibe, welche Funktion die konzentrierte Schwefelsäure bei der Veresterung hat.

# Duft- und Aromastoffe

1 Veilchen – wohlduftend

**Duft- und Aromastoffe** Blumenduft wirkt anziehend, der Geruch von Fruchtgummis regt zum Verzehr an, ein unangenehm riechender Burger bewirkt das Gegenteil. Duftstoffe sind flüchtige chemische Verbindungen, die beim Menschen ein angenehmes Geruchsempfinden auslösen. Sie werden daher vor allem in der Kosmetikindustrie zur Parfümherstellung verwendet. Aber auch Sanitärartikel, Seifen, Pflegemittel und Waschmittel enthalten Duftstoffe.

Aromastoffe werden im Gegensatz zu den Duftstoffen häufig erst beim Kauen durch Wärme und Feuchtigkeit in der Mundhöhle freigesetzt. Sie dienen dazu, Lebensmitteln einen besonderen Geschmack und Geruch zu verleihen.

**Vom Schmecken** Unter Geschmack verstehen wir alle Sinneseindrücke, die bei der Aufnahme der Nahrung im Mund, im Nasen- und Rachenraum entstehen. Der Mensch kann fünf Geschmacksqualitäten unterscheiden: süß, sauer, bitter, salzig und umami (fleischig, herzhaft). Wahrgenommen werden die fünf Geschmacksrichtungen von unterschiedlichen Rezeptoren in den Sinneszellen (Geschmacksknospen, ▸3). In jeder Geschmacksknospe liegen verschiedene Rezeptoren vor. Deshalb können die fünf Geschmacksrichtungen überall auf der Zunge und auch am Gaumen erkannt werden.

Die Geschmackswahrnehmung ist unterschiedlich empfindlich (▸4). Sie liefert aber mehr Informationen über ein verzehrtes Mittagessen als nur sauer und süß oder salzig und bitter. Das liegt daran, dass nur etwa 20 % der Geschmackseindrücke von der Zunge wahrgenommen werden. 80 % des „Geschmacks" werden von der Nase erkannt, weil Aromastoffe beim Essen aus dem Mund in die Nase aufsteigen.

**Info 1**

### Veilchenduft

Carbonsäureester verursachen charakteristische Gerüche. Auch viele Aldehyde und Ketone lassen sich mit bestimmten Geruchsquellen verbinden. β-Ionon gehört zur Stoffklasse der Ketone und riecht nach Veilchen.

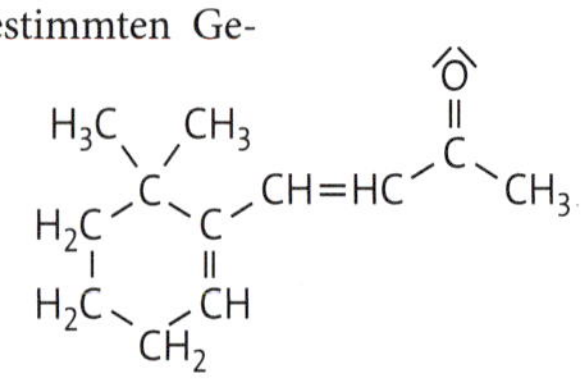


2 Struktur des β-Ionons

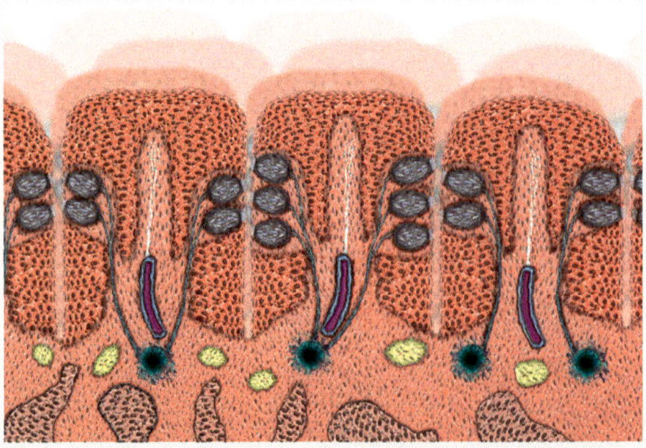

3 Auf der menschlichen Zunge befinden sich 2000 bis 7000 Geschmackspapillen mit den Geschmacksknospen (grau).

| Geschmack | Stoff | Stoffmenge in mol |
|---|---|---|
| bitter | Coffein | 0,001 |
| süß | Saccharose,<br>Saccharin | 0,017<br>0,0007 |
| sauer | Citronensäure | 0,002 |
| salzig | Kochsalz<br>(Natriumchlorid) | 0,021 |
| umami | Glutamat | 0,001 |

4 Stoffmengen, ab denen Geschmacksstoffe wahrgenommen werden

**Vom Riechen** Der Geruchssinn ist ein chemischer Sinn zur Wahrnehmung von flüchtigen gelösten und gasförmigen Stoffen. Die Sinneszellen liegen in einer speziellen Region der Nasenschleimhaut (Riechkolben). Die Informationen der Geruchssinnesorgane werden über den Riechnerv direkt in den entwicklungsgeschichtlich ältesten Teil des Gehirns weitergeleitet, in das limbische System. Da in diesem Teil des Großhirns emotionale Reaktionen des Menschen beeinflusst werden, können Gerüche angenehme oder unangenehme Erinnerungen hervorrufen.
Beim Menschen ist der Geruchssinn im Gegensatz zu anderen Säugetieren relativ schlecht ausgebildet. Wir verlassen uns in erster Linie auf unsere Augen. Deshalb gibt es auch keine eigenen Bezeichnungen für Düfte. Für Farben gibt es Namen wie Rot oder Blau. Düfte dagegen werden in Vergleichen umschrieben, z. B. es riecht nach Rose, frisch wie Moos.

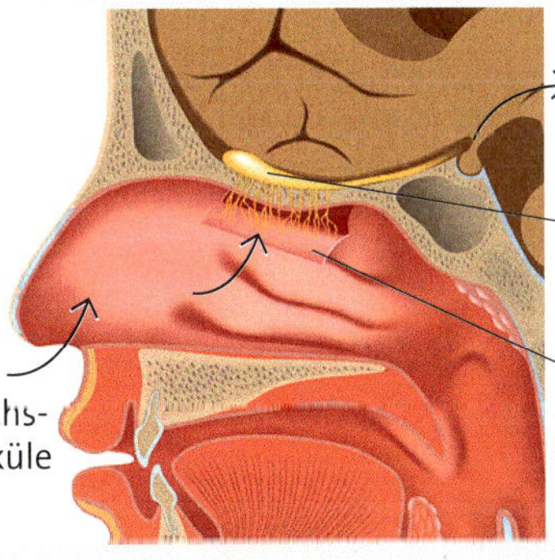


**5** Geruchswahrnehmung beim Menschen

**Info 2**

### Riechschleimhaut

Die Riechschleimhaut in der Nasenhöhle des Menschen hat eine Größe von etwa 5 $cm^2$ und enthält 10 Millionen Sinneszellen. Deutlich besser können Hunde riechen. Die Riechschleimhaut eines Schäferhunds hat eine Größe von etwa 85 $cm^2$ und ist mit 200 Millionen Sinneszellen besetzt.

**Aromastoffe** Das Wort „Aroma“ leitet sich vom Lateinischen ab und bedeutet so viel wie Wohlgeruch. Aromastoffe sind natürliche oder synthetisch hergestellte chemische Verbindungen mit aromatisierenden Eigenschaften. Darunter werden geruchliche und geruchlich-geschmackliche Eigenschaften verstanden. Je nach Einsatzzweck der Aromastoffe unterscheidet man z. B. Back-, Speiseeis-, Käse- und Fischaroma. Nach ihrem Geschmackstyp werden z. B. Birnen-, Apfel- und Erdbeeraroma unterschieden.
Das natürliche Aroma von Früchten, Fleisch, Kaffee, Tee und allen anderen Aromen kommt immer durch eine Vielzahl zusammenwirkender Verbindungen zustande. Aromastoffe als Lebensmittelzusätze enthalten deutlich weniger Verbindungen. Sie sind niemals zum alleinigen Verzehr zugelassen.

Wichtige Aromaträger sind etherische Öle, die meist aus Pflanzen bzw. Pflanzenteilen und Gewürzen gewonnen werden können. Sie sind leicht flüchtig.

Natürliche Aromastoffe kann man aus Pflanzenteilen gewinnen. Naturidentische Aromastoffe werden dagegen chemisch hergestellt, kommen aber genauso in der Natur vor, z. B. Vanillin, das den typischen Vanillegeschmack aufweist.

Synthetische Aromastoffe besitzen kein natürliches Vorbild und werden chemisch hergestellt.

**6** Die Samen des Mandelbaums enthalten etwa 0,7 % etherische Öle, die als Bittermandelöl z. B. in Backaromen eingesetzt werden.

## Aufgaben

**1** Erarbeite eine Übersicht über die Sinne beim Menschen, deren Funktionsweise und deren Aufgaben. Verwende eine Tabelle.

**2** Lasst eure Mitschüler mit zugehaltener Nase und verschlossenen Augen Proben von Apfelmus, Tomatenketchup und Zwiebelpüree durch Kosten ermitteln. Versucht das wahrscheinlich nicht erwartete Ergebnis zu erklären.

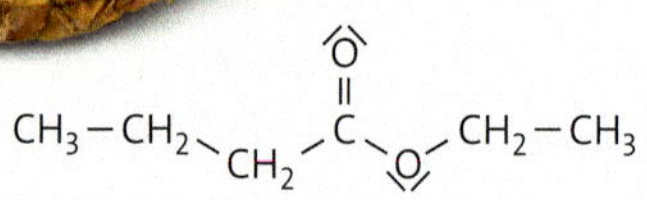

**1** Butansäureethylester riecht nach Ananas.

**Vom Ekelgeruch zum Fruchtaroma** Butansäure (Buttersäure) gehört zu den Stoffen, deren Moleküle sehr intensive und abstoßende Geruchswahrnehmungen verursachen. Sie kommt u. a. in ranziger Butter vor und riecht nach Schweiß und Fäulnis.
Eine faszinierende chemische Reaktion ist die von Butansäure mit Ethanol. Dabei entsteht Butansäureethylester, der nach Ananas riecht. Diese drastische Änderung der Geruchsempfindung basiert auf dem Ersatz der Hydroxylgruppe der Carboxylgruppe durch den Rest des Ethanols.

**Fruchtester** Das charakteristische Aroma vieler Früchte wird durch Carbonsäureester verursacht. Sie werden deshalb **Fruchtester** genannt. In allen Fällen handelt es sich um relativ kleine und schwach polare Moleküle. Die Fruchtester haben deshalb eine nied rige Siedetemperatur, es sind flüchtige Stoffe.

**Herstellung von Aromastoffen** Synthetische Aromastoffe, z. B. Fruchtester, werden durch Veresterung aus den entsprechenden Carbonsäuren und Alkoholen hergestellt. Natürliche Aromastoffe, z. B. etherische Öle, können durch Extraktion aus Pflanzenteilen mithilfe geeigneter Lösungsmittel gewonnen werden.

| Carbonsäureester | Geruch nach ... |
|---|---|
| Butansäuremethylester | Ananas, Apfel |
| Ethansäurepentylester | Banane, Birne |
| Butansäurepentylester | Aprikose |

**2** Fruchtester und ihre typischen Aromen

**Exp. 1** **Herstellen verschiedener Fruchtaromen**

Gib in je ein Demonstrationsreagenzglas 2,5 ml Ethansäure (GHS02|05) und 2,5 ml 3-Methylbutan-1-ol (Isopentanol, GHS02|07), 2,5 ml Ethansäure (GHS02|05) und 2,5 ml 2-Methylpropan-1-ol (Isobutanol, GHS02|05|07), 1 g Benzoesäure (GHS07) und 5 ml Ethanol (GHS02).
Gib anschließend in jedes Glas drei Tropfen konzentrierte Schwefelsäure (GHS05) und einige Siedesteine. Erhitze die Gemische im Wasserbad und halte sie etwa 10 min auf 70 °C. Gieße die Lösungen nach dem Abkühlen jeweils in ein mit 10 ml Wasser gefülltes Becherglas und nimm die obere ölige Phase mit einer Pipette vorsichtig ab. Gib einige Tropfen auf Riechpapier (Filterpapier) und stelle den Geruch fest. Vergleiche den Geruch mit dem Geruch der jeweiligen Ausgangsstoffe.
Beschreibe den Geruch der drei Aromastoffe. Überlege, welches Obst einen ähnlichen Geruch aufweist. Entwickle die Strukturformeln der hergestellten Aromastoffe.
*Entsorgung:* Aromastoffe in die Sammlung aufnehmen, Reste in Behälter für halogenfreie organische Stoffe geben.

**Exp. 2** **Gewinnung von Wintergrünöl durch Schnellextraktion**

Zerkleinere Blätter von Wintergrün. Zerreibe das zerkleinerte Pflanzenmaterial in unterschiedlichen Mörsern mit gereinigtem Seesand. Setze nach dem trockenen Reiben 10 bis 15 ml unvergälltes Ethanol (GHS02) oder kosmetisches Haarwasser beim Reiben zu. Filtriere anschließend im Faltenfilter und bewahre die gewonnenen Tinkturen in dunklen Fläschchen auf. Prüfe den Geruch und vergleiche ihn mit dem Geruch des Ausgangsmaterials.
Gib zwei Tropfen der Tinktur auf einen Streifen Filterpapier als Riechpapier und prüfe den Geruch nach 1 min und dann alle 3 min.
*Entsorgung:* Abfälle in Sammelbehälter für Hausmüll, Ethanolreste in Behälter für halogenfreie organische Stoffe geben.

**3** Zimtaldehyd sorgt für den Duft von Zimtsternen.

**5** 4-Methylheptan-3-on, ein Alarmpheromon der Blattschneiderameise

**Der Duft der süßen Verführung** Gebäck und Eiscreme sind nicht nur wegen ihres Geschmacks beliebt. Häufig verlocken sie auch durch Vanille- oder Zimtaroma. Dafür sind zwei Aldehyde verantwortlich: **Vanillin** und **Zimtaldehyd** (▸ **3**, **4**).
Zimtaldehyd ist ein Bestandteil des Zimtöls, das durch Wasserdampfdestillation aus Zimtrinde gewonnen werden kann. Aufgrund seiner Molekülstruktur löst es sich kaum in Wasser und ist somit einfach vom Destillat abzutrennen.
Vanillin kann aus Vanilleschoten gewonnen werden. Kostengünstiger ist seine Herstellung aus Abfällen, die bei der Holzgewinnung anfallen. Es handelt sich aber um den gleichen Stoff, und er ist für die Verwendung in Lebensmitteln ebenso tauglich wie Vanillin aus Vanilleschoten.

**4** Vanillin verleiht der Eiscreme das Vanillearoma.

**Pheromone** Als **Pheromone** werden bestimmte Stoffe bezeichnet, die von Lebewesen abgegeben werden und bei Vertretern der gleichen Art bestimmte Reaktionen hervorrufen. Dazu gehören u. a. das Anlocken von Geschlechtspartnern (Sexualpheromone), Informationen über Futterquellen (Aggregationspheromone) und die Alarmierung von Artgenossen (Alarmpheromone).
Chemiker konnten natürlich vorkommende Pheromone isolieren, und in einigen Fällen ist ihnen auch deren Synthese gelungen, so z. B. beim 4-Methylheptan-3-on, dem Alarmpheromon der Blattschneiderameise (▸ **5**).
Anwendung finden synthetische Pheromone u. a. in Insektenfallen. Sie verströmen Sexual- oder Aggregationspheromone und locken damit baumschädigende Insekten an. Diese werden in den Fallen gefangen, entweder um ihre Populationsgröße zu ermitteln oder um sie zu töten.

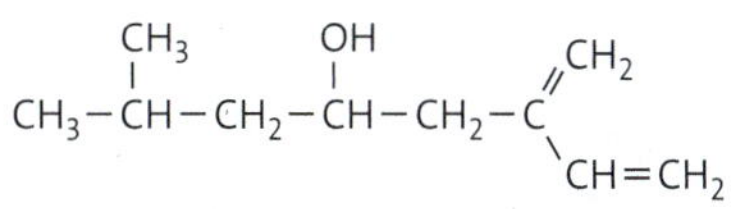

**6** Ipsenol, ein Pheromon des Borkenkäfers

## Aufgaben

**1** Eine Lehrkraft schüttet versehentlich Butansäureethylester und etwas Schwefelsäure in den Ausguss, statt sie sachgerecht zu entsorgen. Am nächsten Tag ist der Chemiesaal von Schweißgeruch erfüllt. Erkläre den Zusammenhang anhand einer chemischen Reaktion.

**2** Naturidentische Aromastoffe
- **a** Recherchiere den Begriff „naturidentischer Aromastoff“ und erstelle dazu eine Definition.
- **b** Nenne Gründe, naturidentische Aromastoffe dem mit natürlichen vorzuziehen.

**3** Der Lockstoff Ipsenol wird in Borkenkäferfallen verwendet (▸ **6**).
- **a** Beschreibe die strukturellen Merkmale des Ipsenolmoleküls.
- **b** In den Fallen wurden etwa gleich viele männliche und weibliche Borkenkäfer gefunden. Begründe, um welche Art von Pheromon es sich bei Ipsenol handelt.

**4** Entwickle die Reaktionsgleichung zur Herstellung eines nach Aprikose riechenden Fruchtesters. Benenne alle Stoffe.

# Chemisches Gleichgewicht

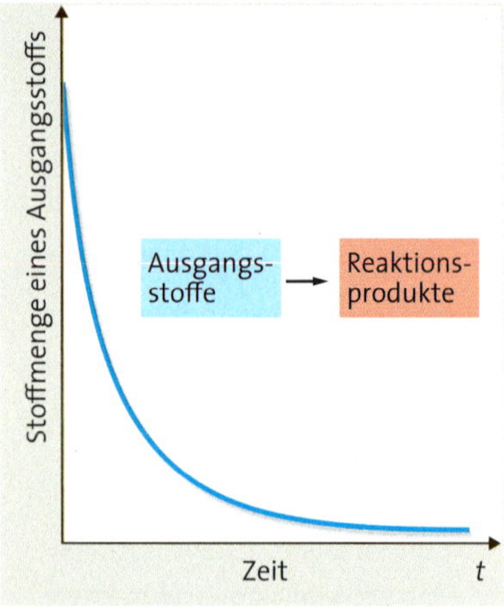


**1** Zusammenhang zwischen der Stoffmenge eines Ausgangsstoffs und der Zeit bei einer chemischen Reaktion mit vollständigem Stoffumsatz

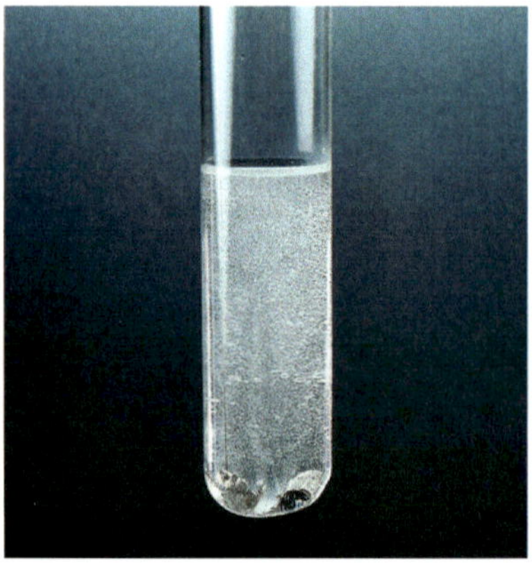

**2** Die Reaktion zwischen Magnesium und Ethansäure verläuft vollständig.

**Stoffumsatz bei chemischen Reaktionen** Wenn Magnesium mit Ethansäure reagiert, läuft die Reaktion so lange ab, bis der Ausgangsstoff Magnesium vollständig umgesetzt ist (▸**2**). Gleiches ist festzustellen, wenn man mit Ameisensäure die verkalkten Heizstäbe eines Wasserkochers reinigt. Wieder verläuft die chemische **Reaktion mit vollständigem Stoffumsatz** (▸**1, 2**).
Bei der Bildung von Propansäurepropylester (▸Exp. 10, S. 11) haben die Ausgangsstoffe nicht vollständig reagiert. Neben dem Ester sind noch Propan-1-ol und Propansäure nachweisbar. Der Stoffumsatz ist **unvollständig**.
Einen unvollständigen Stoffumsatz stellt man auch bei der Spaltung von Propansäurepropylester fest (▸Exp. 11, S. 11). Nach dem Ablauf von chemischen Reaktionen mit unvollständigem Stoffumsatz liegen immer gleichzeitig Ausgangsstoffe und Reaktionsprodukte vor.

**Esterbildung als umkehrbare Reaktion** Ester sind Reaktionsprodukte der Veresterung und gleichzeitig Ausgangsstoffe der entgegengesetzten Reaktion, der Esterspaltung (Hydrolyse). Solche chemischen Reaktionen heißen **umkehrbare chemische Reaktionen**. Reagieren Propansäure und Propan-1-ol sowie einige Tropfen konzentrierte Schwefelsäure miteinander, so bildet sich eine farblose Flüssigkeit, der nach Birne riechende Propansäurepropylester. Er ist in Wasser nur gering löslich. Umgekehrt lässt sich Propansäurepropylester z. B. durch Natronlauge wieder zu Propan-1-ol und Propansäure zersetzen (▸**3**).
Umkehrbare chemische Reaktionen verlaufen in zwei Richtungen. Bei der **Hinreaktion** werden Ausgangsstoffe zu Reaktionsprodukten umgesetzt, bei der **Rückreaktion** dagegen Reaktionsprodukte wieder zu Ausgangsstoffen. Beide Reaktionen werden in einer Reaktionsgleichung zusammengefasst und durch einen Doppelpfeil gekennzeichnet.

$$\text{Propanol} + \text{Propansäure} \underset{\text{Rückreaktion}}{\overset{\text{Hinreaktion}}{\rightleftarrows}} \text{Propansäurepropylester} + \text{Wasser}$$

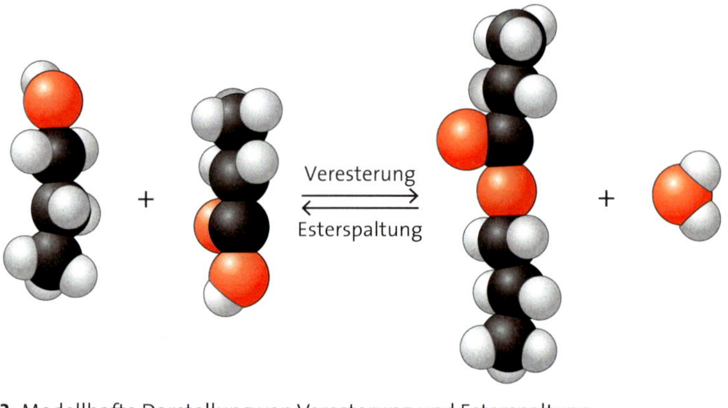


**3** Modellhafte Darstellung von Veresterung und Esterspaltung

Findet eine umkehrbare chemische Reaktion in einem geschlossenen Reaktionsgefäß statt, können während der Reaktion keine Stoffe entweichen oder dazukommen. Sobald sich im Verlauf der **Hinreaktion** aus Ausgangsstoffen Reaktionsprodukte gebildet haben, setzt die **Rückreaktion** ein, Ausgangsstoffe werden aus den Reaktionsprodukten zurückgebildet. Damit liegen alle an der chemischen Reaktion beteiligten Stoffe gleichzeitig vor, der Stoffumsatz bleibt unvollständig. Die Stoffmenge der Ausgangsstoffe nimmt nur bis zu einem bestimmten Wert ab und bleibt dann konstant. Umgekehrt steigt auch die Stoffmenge der Reaktionsprodukte nur bis zu einem bestimmten Wert und bleibt dann konstant (▸**4**).

**Einstellung eines chemischen Gleichgewichts** Führt man die Darstellung von Propansäurepropylester in einem geschlossenen Reaktionsgefäß durch, läuft zu Beginn nur die Hinreaktion ab, weil noch keine Reaktionsprodukte gebildet wurden. Nach der Bildung von Propansäurepropylester und Wasser kann neben der Hinreaktion auch die Rückreaktion ablaufen. Im Reaktionsverlauf nehmen die Stoffmengen der Ausgangsstoffe Propanol und Propansäure ab. Gleichzeitig nehmen die Stoffmengen der Reaktionsprodukte Ester und Wasser zu. Nach einer bestimmten Zeit wird ein Zustand erreicht, bei dem in der Hinreaktion genauso viel Ester gebildet wird, wie in der Rückreaktion Ester zu den Ausgangsstoffen gespalten wird. Die Stoffmengen der Ausgangsstoffe und der Reaktionsprodukte ändern sich nicht mehr. Es hat sich ein **chemisches Gleichgewicht** eingestellt. Im Zustand des chemischen Gleichgewichts ist das Verhältnis der Stoffmengen der Reaktionsprodukte und der Stoffmengen der Ausgangsstoffe konstant.
Das chemische Gleichgewicht ist ein **dynamisches Gleichgewicht**. Hinreaktion und Rückreaktion laufen ständig ab.

**Bei einer umkehrbaren chemischen Reaktion stellt sich in einem geschlossenen System ein chemisches Gleichgewicht ein. Hinreaktion und Rückreaktion laufen gleichzeitig ab. Im Gleichgewichtszustand bleibt das Stoffmengenverhältnis der reagierenden Stoffe gleich.**

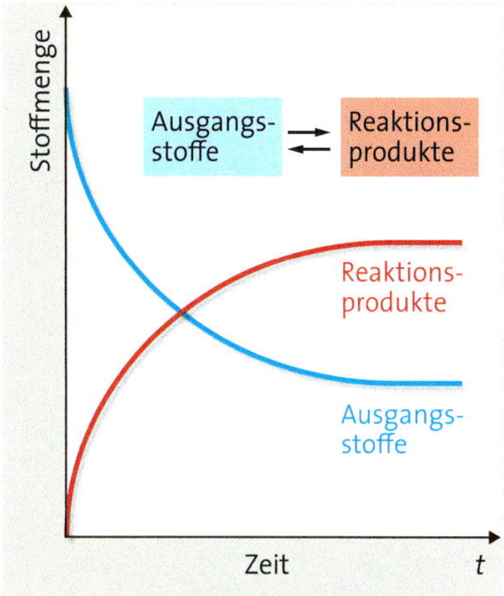


**4** Zusammenhang zwischen der Stoffmenge und der Zeit bei einer chemischen Reaktion mit unvollständigem Stoffumsatz

**Info**

Bei der Knallgasreaktion reagieren Wasserstoff und Sauerstoff zu Wasser. Bei der Zerlegung des Wassers mithilfe des elektrischen Stroms entstehen Wasserstoff und Sauerstoff.

$$2\,H_2\,(g) + O_2\,(g) \underset{\text{Zerlegung}}{\overset{\text{Bildung}}{\rightleftarrows}} 2\,H_2O\,(l)$$

## Aufgaben

**1** Erkläre, warum bei umkehrbaren chemischen Reaktionen kein vollständiger Stoffumsatz erreicht werden kann.

**2** Begründe, warum sich bei chemischen Reaktionen mit vollständigem Stoffumsatz kein chemisches Gleichgewicht einstellen kann.

**3** Die Reaktion eines Esters mit einer Lauge (z. B. Natronlauge) wird als Verseifung bezeichnet. Erkläre.

**4** Esterbildung und Esterspaltung werden bei erhöhter Temperatur durchgeführt. Begründe.

**5** Vergleiche die Veresterung mit der Hydrolyse.

**6** Die Energieumwandlung ist ein Merkmal jeder chemischen Reaktion. Beschreibe dieses Merkmal am Beispiel der Bildung und des Zerfalls von Wasser.

**7** Konzentrierte Schwefelsäure ist hygroskopisch.
- **a** Gib die Strukturformel der Schwefelsäure an.
- **b** Gib an, welche Eigenschaft die konzentrierte Schwefelsäure besitzt.
- **c** Welche Auswirkung könnte die konzentrierte Schwefelsäure aufgrund ihrer hygroskopischen Wirkung auf die Veresterung haben?

# Lösungsmittel im Alltag

**1** Pflanzenextrakte werden in alkoholischer Lösung als Naturheilmittel angeboten.

**Info 1** **Vitamin A**

Möhren enthalten das Vitamin A, das aus überwiegend unpolaren Molekülteilen besteht. Es gehört somit zu den fettlöslichen Vitaminen.
Beim Verzehr von Möhren begünstigt Öl die Aufnahme des Vitamins A, da das Öl ebenfalls aus unpolaren Molekülteilen besteht. Das Vitamin A ist bedeutsam für den Sehvorgang.

**Das richtige Lösungsmittel auswählen** Bei der Herstellung von Arzneimitteln, Kosmetika, Reinigungsmitteln, Farben und Lacken ist die Entscheidung für das richtige Lösungsmittel in erster Linie vom Molekülbau der zu lösenden Stoffe abhängig. Besteht der Stoff aus unpolaren Molekülen, muss das Lösungsmittel ebenfalls aus unpolaren Molekülen aufgebaut sein. Damit kann aufgrund der zwischenmolekularen Wechselwirkungen zwischen Lösungsmittel und gelöstem Stoff eine optimale Durchmischung stattfinden. Analog erfordert ein polarer Stoff ein polares Lösungsmittel. Besonders vielseitig sind Lösungsmittel einsetzbar, wenn deren Molekülbau polare und unpolare Anteile aufweist (► Exp. 1, 2; **2**).

| **Molekülbau Lösungsmittel** | unpolare Moleküle | polare Moleküle | polare und unpolare Anteile in den Molekülen |
|---|---|---|---|
| **Beispiel** | Heptan | Formamid | Essigsäureethylester |
| **Formel** | $C_7H_{16}$ | $NH_2$–CHO | $CH_3$–COO–$C_2H_5$ |
| **Verwendung** | Lösungsmittel für Klebstoffe, schnell trocknende Lacke | Trennmittel in der Gaschromatografie, Lösungsmittel für Lacke | Lösungsmittel für Klebstoffe, Bestandteil von Nagellackentferner |

**2** Einteilung der Lösungsmittel nach ihrer Struktur

**Exp. 1** **Untersuchen der Löslichkeit verschiedener Stoffe**

Fülle in jeweils zwei Reagenzgläser etwa 1 ml der folgenden Stoffe: Heptan (GHS02|08|07|09), Ethanol (GHS02), Aceton (GHS02|07), Ethansäureethylester (GHS02|07). Versetze jeden Stoff jeweils mit etwa 1 ml Wasser bzw. 1 ml Pflanzenöl. Notiere deine Beobachtungen und begründe die Ergebnisse.
*Entsorgung:* Reste in Behälter für halogenfreie organische Abfälle geben.

**Exp. 2** **Untersuchen der Löslichkeit von Aspirin Protect**

Gib in je eine Petrischale 10 ml 5%ige verdünnte Salzsäure, 5%ige Natronlauge (GHS05) und Wasser. Lege in jede Schale je eine Tablette Aspirin und Aspirin Protect. Wiederhole den Versuch mit einer angeritzten Tablette Aspirin Protect und Wasser. Beobachte alle Experimente einige Minuten. Notiere deine Beobachtungen und begründe die Unterschiede.
*Entsorgung:* Reste ins Abwasser geben.

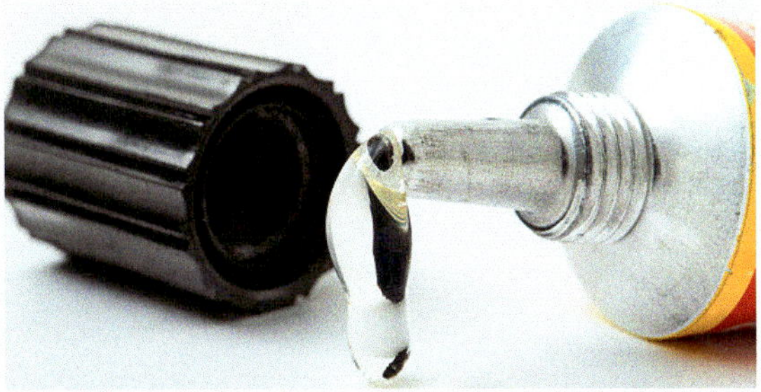

3 Klebstoff enthält Essigsäureethylester.

**Lösungsmittel in Klebstoffen** Viele Klebstoffe enthalten feste Bestandteile, die die eigentliche Verbindung zwischen den zusammenzufügenden Materialien darstellen. Um den festen Bestandteil auf die Klebefläche aufzubringen, muss er in einem geeigneten Lösungsmittel gelöst werden (▸3). Das Lösungsmittel verdunstet und der Klebstoff härtet auf physikalischem Weg aus.

**Lösungsmittel in Fleckentfernern** In vielen Varianten sind heute die unterschiedlichsten Fleckentferner auf dem Markt, z. B. Vorwaschfleckentferner, Waschmaschinenzusätze, Universal- oder Spezialfleckentferner. In allen Fällen soll der Inhaltsstoff den Fleck vom Material lösen.

**Lösungsmittel in der Kosmetik** Zur Herstellung zahlreicher kosmetischer Produkte, z. B. Haarsprays oder Nagellack, benötigt man Lösungsmittel. Handelsüblicher Nagellackentferner kann z. B. Aceton, Essigsäureethylester oder verschiedene Alkohole als Lösungsmittel enthalten (▸4).

4 Nagellack enthält leichtflüchtige Lösungsmittel.

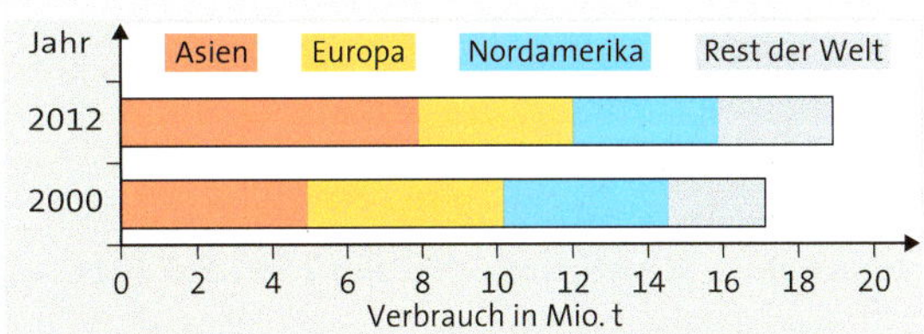


5 Weltweiter Lösungsmittelverbrauch

**Exp. 3** **Untersuchen der Löslichkeit von Farbstoffen**

Fülle drei Reagenzgläser mit je 3 ml Wasser. Gib dann in jeweils eines der Reagenzgläser:
- 3 ml Ethanol (GHS02)
- 3 ml Ethansäure (GHS02|05)
- 3 ml Ethansäureethylester (GHS02|07)

Schüttle jedes Reagenzglas vorsichtig, um die Inhalte zu vermischen. Tauche anschließend nacheinander einen wasserfesten Faserschreiber in die Reagenzgläser 1 bis 3.
Notiere deine Beobachtungen und erkläre sie.
*Entsorgung:* Reste in Behälter für halogenfreie organische Abfälle geben.

**Exp. 4** **Entfernen von Kugelschreiberflecken**

Untersuche, ob sich Kugelschreiberflecke aus Textilien, z. B. Baumwollstoff, mithilfe von Milch, Essigessenz (GHS05), Zitronensaft oder Zahnpasta entfernen lassen.
Notiere deine Beobachtungen. Formuliere eine allgemeine Aussage.
*Entsorgung:* Reste ins Abwasser geben.

## Aufgaben

**1** Im Baumarkt werden nicht nur Produkte angeboten, die Lösungsmittel enthalten, z. B. Farben oder Lacke, sondern auch die Lösungsmittel selbst. Ermittle bei verschiedenen Lösungsmitteln, z. B. Universalverdünnung, Kleberestentferner, die im Baumarkt angeboten werden, welche Stoffe enthalten sind.

**2** Informiere dich im Internet über den Bau der beiden Lösungsmittel Aceton und Toluol. Ordne sie entsprechend der Tabelle von ▸2 einer Gruppe von Lösungsmitteln zu und begründe deine Entscheidung.

**3** In ▸2 geht es um Lösungsmittel. Ordne den Beispielen die Begriffe hydrophil bzw. hydrophob und lipophil bzw. lipophob zu. Begründe deine Entscheidung.

**Lösungsmittel und Trennverfahren** Die Extraktion ist ein physikalisches Verfahren der Stofftrennung, bei dem mithilfe eines Extraktionsmittels (Lösungsmittels) eine Komponente aus einem Stoffgemisch gelöst wird. Wenn ein im Stoffgemisch gelöster Stoff sich im zugeführten Lösungsmittel besser löst als im Stoffgemisch, dann ist dieses für die Extraktion gut geeignet. In einer anschließenden Destillation kann das Lösungsmittel wieder abgetrennt werden.

**Extraktion in Technik und Haushalt** Viele Pflanzenöle werden heute durch Extraktion gewonnen. Dabei wird das Pflanzenöl aus der Saat unter Verwendung eines Lösungsmittels (z. B. Hexan) herausgelöst. Vor der Extraktion zerkleinert man das Saatgut und presst es zu kleinen Flocken.
Insbesondere zur Gewinnung von Inhaltsstoffen aus Pflanzenzellen, z. B. die etherischen Öle der Kamille, wird in der Industrie ebenso wie im Haushalt das Verfahren des Extrahierens genutzt. Die Extraktion weist gegenüber der Destillation den Vorteil auf, dass hitzeempfindliche Bestandteile eines Stoffgemischs nicht zerstört werden. Besonders bei der Gewinnung pharmazeutisch bedeutender Pflanzeninhaltsstoffe, z. B. von Digitoxin, einer herzwirksamen Substanz des Roten Fingerhuts, ist dies besonderer wichtig.
In der Technik gibt es zwei verschiedene Extraktionsverfahren: das Perkolations- und das Immersionsverfahren. Beim Perkolationsverfahren (Durchlaufverfahren) wird das Saatgut ständig durch das Lösungsmittel benetzt. Dagegen wird beim Immersionsverfahren das schwer extrahierbare Saatgut in das Extraktionsmittel eingetaucht.
Bei beiden Verfahren laufen das Saatgut (Extraktionsgut) und das Lösungsmittel im Gegenstrom. Nach der Extraktion wird das Lösungsmittel durch Destillation vom gewonnenen Öl getrennt und erneut verwendet.

1 Aus 10 kg Blättern des Roten Fingerhuts werden 6 g Digitoxin gewonnen.

**Exp. 5** **Extrahieren von Iod aus Lugol'scher Lösung**

Lugol'sche Lösung enthält Iod (GHS07|09), das in Kaliumiodidlösung gelöst ist. Verwende Petroleumbenzin (GH02|08|07|09) als Extraktionsmittel.
Verdünne 1 ml der Lugol'schen Lösung mit 10 ml Wasser. Versetze die Lösung in einem Scheidetrichter mit 10 ml Petroleumbenzin und schüttle kräftig. Lass zunächst die untere Phase aus dem Trichter in einen Erlenmeyerkolben laufen, dann die obere Phase in einen anderen Erlenmeyerkolben. Gib die untere Phase erneut in den Scheidetrichter und wiederhole die Extraktion noch zweimal.
Begründe die stattgefundenen Trennungsvorgänge.
*Entsorgung:* Reste in Behälter für halogenfreie organische Abfälle geben.

2 Leinöl kann aus Leinsamen kalt gepresst oder durch Extraktion gewonnen werden.

**Exp. 6** **Extrahieren von Öl aus Leinsamen**

Zerkleinere 50 g Leinsamen gründlich in einem Mörser oder einer Kaffeemühle und vermische sie mit 200 ml Heptan (GHS02|08|07|09). Gib das Gemisch in einen Rundkolben, dem du einen Rückflusskühler aufsetzt (► Exp. 11, S. 11). Schließe den Kühler an den Wasserhahn an, erhitze das Gemisch im Wasserbad und lass es 5 min sieden. Destilliere aus dem entstandenen Gemisch anschließend das Extraktionsmittel ab. Ersetze dazu den Rückflusskühler durch einen Liebig-Kühler. Fange das Destillat in einer Vorlage auf.
Erläutere die stattgefundenen Trennungsvorgänge.
*Entsorgung:* Reste in Behälter für halogenfreie organische Abfälle geben.

3 Heißes Wasser wird genutzt, um die Inhaltsstoffe von Tee oder Kaffee aus den Pflanzenteilen herauszulösen.

| Inhaltsstoffe im Tee | Wirkung der Inhaltsstoffe |
|---|---|
| Carotinoide, Flavonoide | Farbe und Aroma |
| Catechine | adstringierend („Zusammenziehen“ der Zunge) |
| Coffein, Theobromin, Theophyllin | anregend |
| Fluoride | Härten des Zahnschmelzes |

4 Inhaltsstoffe im Tee und deren Wirkung

**Exp. 7**

### Untersuchen der Löslichkeit von Chlorophyll

Verwende als Extraktionsmittel Wasser, Ethanol (Brennspiritus, GHS02) und Heptan (GHS02|08|07|09). Gib in drei Reibschalen gleich große Mengen zerkleinerter grüner Laubblätter und füge einen Spatel Sand dazu. Fülle je 25 ml des Extraktionsmittels hinzu und reibe 1 min kräftig mit dem Pistill. Filtriere die entstandenen Suspensionen. Beurteile die Eignung der unterschiedlichen Lösungsmittel zur Extraktion von Chlorophyll aus Laubblättern.
*Entsorgung:* Reste in Behälter für halogenfreie organische Abfälle geben.

5 Lösungsmittel, wie bei Sprühlacken, müssen auf der Spraydose als Gefahrstoffe gekennzeichnet werden.

**Gefahren durch Lösungsmittel** Lösungsmittel sind in unterschiedlichem Ausmaß wassergefährdend, entzündlich und gesundheitsschädlich. Die Hersteller müssen auf der Verpackung lösungsmittelhaltiger Produkte die entsprechende Kennzeichnung von Gefahrstoffen angeben. Halogenhaltige Lösungsmittel werden zunehmend durch andere Lösungsmittel, z. B. Kohlenwasserstoffe, ersetzt. Seit 1981 darf Tetrachlormethan ($CCl_4$) in Deutschland als Lösungsmittel nicht mehr verwendet werden, da seine krebserregende Wirkung und seine zerstörende Wirkung auf die Ozonschicht nachgewiesen wurde. Durch den Einsatz von Kohlenwasserstoffen als Lösungsmittel steigt die Brandgefahr, da diese leicht entzündlich sind.

## Aufgaben

1 Nenne die Bedingungen, durch die der Extraktionsvorgang beschleunigt werden kann.

2 Erläutere die Begriffe Gegenstrom und kontinuierliche Arbeitsweise.

3 Die Wirkung von schwarzem Tee auf den menschlichen Organismus hängt von der Länge des „Ziehenlassens“ des Tees ab. Begründe diese Aussage.

4 Recherchiere, ob schwarzer Tee und Kaffee ähnliche Inhaltsstoffe enthalten.

5 Finde heraus, welche Bedeutung der Begriff „Extrahieren“ in der Zahnmedizin besitzt.

# Von der Essigsäure zu den Estern

| | |
|---|---|
| **Carbonsäuren** | Oxidationsprodukte der Aldehyde. Ihre Moleküle enthalten eine oder mehrere Carboxylgruppen. |
| **Alkansäuren** | Stoffklasse, deren Moleküle als funktionelle Gruppe eine Carboxylgruppe (–COOH) besitzen<br>Allgemeine Summenformel: $C_nH_{2n+1}COOH$, $n \geq 0$ |
| **Eigenschaften der Alkansäuren** | Alkansäurelösungen sind saure Lösungen, die mit Indikatoren eine typische Farbänderung zeigen und den elektrischen Strom leiten.<br>Alkansäuren dissoziieren in Wasser.<br>$R\text{-}COOH\ (aq) \longrightarrow H^+\ (aq) + R\text{-}COO^-\ (aq)$ |
| **Reaktionen der Alkansäuren** | Alkansäurelösungen reagieren mit unedlen Metallen, Metalloxiden, Carbonaten und Laugen zu Salzlösungen, z. B. bei der Ethansäure:<br>$2\ CH_3COO^-\ (aq) + 2\ H^+\ (aq) + Zn\ (s) \longrightarrow Zn^{2+}\ (aq) + 2\ CH_3COO^-\ (aq) + H_2\ (g)$<br>$2\ CH_3COO^-\ (aq) + 2\ H^+\ (aq) + MgO\ (s) \longrightarrow Mg^{2+}\ (aq) + 2\ CH_3COO^-\ (aq) + H_2O\ (l)$<br>$2\ CH_3COO^-\ (aq) + 2\ H^+\ (aq) + CaCO_3\ (s) \longrightarrow Ca^{2+}\ (aq) + 2\ CH_3COO^-\ (aq) + CO_2\ (g) + H_2O\ (l)$<br>$CH_3COO^-\ (aq) + H^+\ (aq) + K^+\ (aq) + OH^-\ (aq) \longrightarrow H_2O\ (l) + K^+\ (aq) + CH_3COO^-\ (aq)$ |
| **Carbonsäureester** | besitzen als Strukturmerkmal die Estergruppe und entstehen durch die Reaktion von Carbonsäuren mit Alkoholen unter Abspaltung von Wasser. 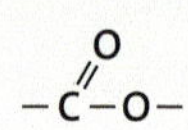 |
| **Veresterung (Kondensation) und Esterspaltung (Hydrolyse)** | chemische Reaktionen der Bildung und des Zerfalls von Estern<br>$\text{Carbonsäure} + \text{Alkohol} \underset{\text{Esterspaltung}}{\overset{\text{Veresterung}}{\rightleftharpoons}} \text{Ester} + \text{Wasser}$<br>$CH_3COOH\ (l) + CH_3CH_2OH\ (l) \rightleftharpoons CH_3COOCH_2CH_3\ (l) + H_2O\ (l)$<br>Veresterung und Esterspaltung sind umkehrbare Reaktionen und gehören zu den Substitutionsreaktionen. |
| **Chemisches Gleichgewicht** | In geschlossenen Reaktionsgefäßen kann sich bei umkehrbaren Reaktionen ein chemisches Gleichgewicht einstellen. Hinreaktion und Rückreaktion laufen gleichzeitig ab. Im Gleichgewichtszustand bleibt das Stoffmengenverhältnis der reagierenden Stoffe gleich.<br>$\text{Ausgangsstoffe} \underset{\text{Rückreaktion}}{\overset{\text{Hinreaktion}}{\rightleftharpoons}} \text{Reaktionsprodukte}$ |

# Aufgaben

**1** Alkansäuren bilden wie Alkanole und Alkanale homologe Reihen.
- **a** Definiere den Begriff „homologe Reihe".
- **b** Gib für jede homologe Reihe eine allgemeine Summenformel an.
- **c** Ordne die Verbindungen Pentanal, Propansäure, Butan-1-ol und Ethandisäure (Oxalsäure) der entsprechenden homologen Reihe zu und begründe deine Zuordnung.

**2** In der Abb. 4, Seite 16, findest du Siedetemperaturen ausgewählter Alkansäuren.
- **a** Stelle die Siedetemperaturen der Alkansäuren in Abhängigkeit der molaren Masse mithilfe des Taschenrechners grafisch in einem Diagramm dar. Interpretiere deine Darstellung.
- **b** Methansäure ist bei Raumtemperatur flüssig, Methan dagegen gasförmig. Begründe diesen Unterschied mithilfe deiner Kenntnisse über zwischenmolekulare Kräfte.

**3** Die Salze der Alkansäuren können auf verschiedenen Wegen hergestellt werden. Entwickle die Reaktions- und Ionengleichungen für folgende Umsetzungen:
- **a** Natrium und Propansäure
- **b** Calciumoxid und Ethansäure
- **c** Barytwasser und Methansäure

**4** Neusilber ist eine Legierung, die aus den Metallen Kupfer, Zink und Nickel besteht. Bestecke aus Neusilber sollten nicht als Salatbesteck verwendet werden. Begründe.

**5** Durch die Reaktion von Kalium mit verdünnter Pentansäure sollen 0,5 l Wasserstoff bei 25 °C ($V_m$ = 24,5 l/mol) gewonnen werden. Berechne die Masse der benötigten Pentansäure.

**6** In drei nummerierten Reagenzgläsern befinden sich Wasser, verdünnte Methansäure und Ethansäure.
- **a** Entwickle einen Plan zur Identifizierung dieser Lösungen.
- **b** Gib alle zu erwartenden Beobachtungen an.

**7** Eine Mischung aus gleichen Stoffmengen Ethansäure und Ethanol wird mit einigen Tropfen Schwefelsäure versetzt und zum Sieden erhitzt. In einer gekühlten Vorlage kondensiert ein farbloser Stoff A, der sich im Gegensatz zu Ethanol und Ethansäure nur schlecht in Wasser löst.
- **a** Gib an, um welchen Stoff es sich bei A handelt, und entwickle die Reaktionsgleichung für dessen Bildung.
- **b** Stoff A kann die Schrift von wasserunlöslichen „Permanentmarkern" gut entfernen, d. h., Stoff A kann den Farbstoff lösen. Stelle eine Vermutung zur Molekülstruktur des Farbstoffs in Permanentmarkern auf.

**8** Begründe, dass Wasserkocher mit Essig entkalkt werden können. Gib hierzu auch eine Reaktionsgleichung an.

**9** Erkläre folgenden Befund: Propan-1-ol und Propansäurepropylester lösen sich beide in Heptan. In Wasser ist aber nur Propan-1-ol löslich.

**10** In einem Reagenzglas befindet sich eine Mischung aus Ethanol, Ethansäure und Propansäure. Das Gemisch wird mit etwas Schwefelsäure versetzt und für mehrere Stunden in ein warmes Wasserbad gestellt.
- **a** Gib an, welche Stoffe sich am Ende im Reaktionsglas befinden. Begründe deine Entscheidung.
- **b** Entwickle die Strukturformeln der vorhandenen Stoffe. (*Hinweis:* Von der Schwefelsäure muss keine Strukturformel angegeben werden.)
- **c** Erkläre die Funktion der Schwefelsäure.

**Hilfe zu den Aufgaben findest du auf den Seiten ...**

| | | | |
|---|---|---|---|
| 1 | 16 f. | 6 | 14, 16 |
| 2 | 16 | 7 | 18 f. |
| 3 | 15 | 8 | 13, 15 |
| 4 | 15 | 9 | 19 |
| 5 | 15 | 10 | 18 f., 24 f. |

Weitergedacht

## Material A: Strom aus der Zitrone

Die Citronensäure (eine Hydroxycarbonsäure) kann als Lösung zum Bestandteil einer Energiequelle werden. Schaltet man mehrere solcher „Zitronenbatterien" in Reihe, gelingt es z. B., einen kleinen Motor in Gang zu setzen.

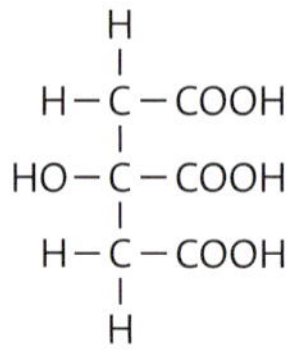

Citronensäure

*Materialien für eine Zitronenbatterie: eine Zitrone, je ein Kupfer- und Zinknagel (oder -blech), Drähte mit Krokodilklemmen, eine LCD-Uhr*

*Die Nägel werden etwas entfernt voneinander in eine halbierte Zitrone gesteckt. Der Zinknagel wird mit dem Minuspol, der Kupfernagel mit dem Pluspol der LCD-Uhr verbunden.*

*Mit einer Zitronenbatterie können Spannungen von bis zu 0,75 V erzeugt werden.*

**A1** Zitronenbatterie

*Die Erzeugung des Stroms beruht auf einer Reaktion mit Elektronenübergang. Am Minuspol werden Zinkatome oxidiert, während am Pluspol (Kupfernagel) die Wasserstoff-Ionen aus dem sauren Fruchtfleisch (Zitronensaft) der Zitrone reduziert werden.*

**A2** Stromerzeugung

**1** Skizziere den Aufbau einer Zitronenbatterie und beschrifte diese (▸ **A1**).

**2** Entwickle die Ionengleichungen für die Reaktionen am Minus- und am Pluspol (▸ **A2**).

**3** Beschreibe den „Weg" der Elektronen (▸ **A2**).

**4** Zitronenbatterien können höhere Spannungen erzeugen, wenn ein Kupferblech verwendet wird, das mit einer Oxidschicht überzogen ist. Versuche eine Erklärung zu geben.

**5** Begründe, warum die verwendete Zitrone nicht mehr verzehrt werden darf (▸ **A2**).

## Material B: Milchsäure

Joghurt, Frischkäse und viele Produkte mehr werden aus Milch hergestellt. Im Gegensatz zur Milch schmecken diese mehr oder weniger sauer. Sie enthalten Milchsäure, die beim Abbau von Zuckern in der Milch durch Milchsäurebakterien entstanden ist (Milchsäurevergärung).

**B1** Viele Milchprodukte enthalten Milchsäure.

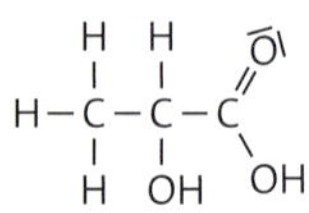

**B2** Strukturformel eines Milchsäuremoleküls

**1** Beschreibe die strukturellen Merkmale der Milchsäure und gib den systematischen Namen des Stoffes an (▸ **B2**).

**2** Erläutere, warum Milchprodukte Universalindikator rot färben (▸ **B1**).

**3** Aus Milchsäure lässt sich der kompostierbare Kunststoff Polymilchsäure (PLA) herstellen.
- **a** Zeige anhand der Molekülstruktur, welche Reaktion Milchsäuremoleküle untereinander eingehen können. Stelle hierzu eine passende Reaktionsgleichung auf.
- **b** Benenne die funktionelle(n) Gruppe(n) im Reaktionsprodukt.

## Material C: Herstellung von Seife

Seifen sind die Natrium- oder Kaliumsalze langkettiger Alkansäuren. Sie werden durch Kochen von pflanzlichen oder tierischen Fetten in einer alkalischen Lösung gewonnen.
Als Fette werden die Ester des Alkohols Glycerin mit langkettigen Alkansäuren bezeichnet.

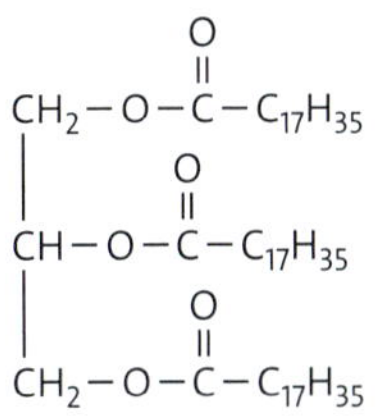

**C1** Vereinfachte Strukturformel eines Fettmoleküls

$KC_{17}H_{35}COO$
*Kaliumstearat*

**C2** Summenformel eines Seifenmoleküls

Schmierseifenherstellung
10 g Speisefett, z. B. Margarine, werden mit 20 ml 30%igem Ethanol (GHS02) und 20 Plätzchen Kaliumhydroxid (GHS05|07) zusammengegeben und etwa 15 min lang vorsichtig unter Rühren im siedenden Wasserbad erhitzt.
*Hinweis:* Ergibt ein Tropfen der Reaktionsmischung in destilliertem Wasser keine Trübung, kann die Reaktion als beendet angesehen werden.

**C3** Experimentieranleitung zur Herstellung einer Schmierseife

**1** Bestimme die Reaktionsart des in ▸**C3** beschriebenen Experiments und formuliere eine Wortgleichung. *Hinweis:* Der Stoff Ethanol nimmt nicht an der Reaktion teil.

**2** Entwickle die Reaktionsgleichung für die Reaktion von Kaliumhydroxid mit dem Fettmolekül in ▸**C1**.

**3** Erkläre den Hinweis in der Experimentieranleitung ▸**C3**.

---

## Material D: Der Lack ist ab

Es liegen drei Proben von Nagellackentfernern der Firmen A, B und C vor. Jede enthält einen lacklösenden Stoff. Auf den Flaschen mit den Proben befinden sich keine Etiketten, aber es liegt eine Tabelle mit den Inhaltsstoffen vor.

**D1** Nagellackentferner enthalten neben Duftstoffen und Ölen auch Ester und Alkohole.

| | A<br>Ethanol | B<br>Butan-1-ol | C<br>Ethansäure ethylester |
|---|---|---|---|
| Dichte | 0,8 g/cm³ | 0,9 g/cm³ | 0,8 g/cm³ |
| Schmelztemp. | −114 °C | −84 °C | −89 °C |
| Siedetemp. | 78 °C | 77 °C | 118 °C |

**D2** Stoffe mit lacklösender Wirkung in drei verschiedenen Nagellackentfernerproben

**1** Entwickle die Strukturformeln der Bestandteile der drei Nagellackentferner (▸**D2**).

**2 a** Beschreibe ein Experiment, mit dem ein primärer Alkohol von einem Ester unterschieden werden kann.
**b** Beschreibe ein Experiment, mit dem ein Ester identifiziert werden kann.

**3** Entwickle eine Versuchsdurchführung, mit der die drei Proben den Firmen A, B und C zugeordnet werden können.

# Zusammensetzung unserer Lebensmittel

Zucker „versüßt" unser Leben, denn er ist mehr als nur eine wohlschmeckende Zugabe. 1747 entdeckte Andreas Sigismund Marggraf (1709–1782), dass in der Runkelrübe der gleiche Zucker enthalten ist wie im Zuckerrohr. Zucker gehört zu den Kohlenhydraten und bildet zusammen mit Fetten und Eiweißen, die pflanzlichen oder tierischen Ursprungs sein können, die wesentlichen Bestandteile der menschlichen Nahrung.

# Fette

## Exp. 1 Fettfleckprobe

Verstreiche jeweils einen Tropfen verschiedener Öle, Wasser und Ethanol (GHS02) auf weißem Papier. Streiche wenig Butter, Margarine und Schmalz ebenfalls auf ein weißes Papier. Halte das Papier gegen das Licht.
Vergleiche Öl- und Fettflecke mit denen von Wasser und Ethanol.
*Entsorgung*: Papier in den Behälter für Hausmüll geben.

## Exp. 2 Untersuchung von Lebensmitteln auf Fett

Zerkleinere im Mörser verschiedene Nüsse, Sonnenblumenkerne, Mohn, verschiedene Getreidekörner, Obstkerne, Obststücke, Kohlrabistücke und Kartoffelstücke. Verreibe davon jeweils eine kleine Probe auf einem weißen Papier und ebenfalls Proben von Käse, Wurst, Fleisch, Brot und Honig. Lass die Flecke trocknen und halte das Papier gegen das Licht.
Stelle die Ergebnisse in einer Übersicht zusammen. Deute die Ergebnisse hinsichtlich des Fettanteils der Proben.
*Entsorgung*: Reste der Lebensmittel in den Behälter für Hausmüll geben.

## Exp. 3 Löslichkeit von Fetten

Gib je 1 ml Pflanzenöl und je 1 g Butter in 3 ml Wasser, 3 ml 10%ige Salzsäure (GHS07), 3 ml Ethanol (GHS02), 3 ml Heptan (GHS02|08|07|09) und 3 ml Petroleumbenzin (40 bis 60 °C, GHS02|08|07|09) in ein Reagenzglas. Schüttle die verschlossenen Gläser kräftig. Notiere deine Beaobachtungen.
Interpretiere die Beobachtungsergebnisse.
*Entsorgung*: Öl, Heptan, Ethanol und Petroleumbenzin in den Behälter für halogenfreie organische Abfälle, Salzsäure in den Behälter für saure und alkalische Abfälle geben.

## Exp. 4 Gewinnung von Öl durch Extrahieren

*Vorsicht! Abzug!* Zerkleinere verschiedene Nüsse, Sonnenblumenkerne, Bucheckern, Mohn und Leinsamen in einem Mörser. Fülle 10 g der zerriebenen Proben in jeweils ein Becherglas. Gib in jedes Glas 15 ml Petroleumbenzin (40 bis 60 °C, GHS02|08|07|09) und stelle die Gläser in einen Abzug. Rühre mit einem Glasstab etwa 5 min um. Filtriere anschließend und lass die Gläser so lange im Abzug stehen, bis das Petroleumbenzin (GHS02|08|07|09) verdampft ist.
Prüfe Farbe und Geruch der Proben.
*Entsorgung*: Reste der Samen in den Behälter für Hausmüll, Petroleumbenzin in den Behälter für halogenfreie organische Abfälle geben.

## Exp. 5 Untersuchen eines Milchtropfens unter dem Mikroskop

Gib einen Tropfen Vollmilch auf einen Objektträger. Bedecke den Tropfen mit einem Deckglas und betrachte ihn unter dem Mikroskop.

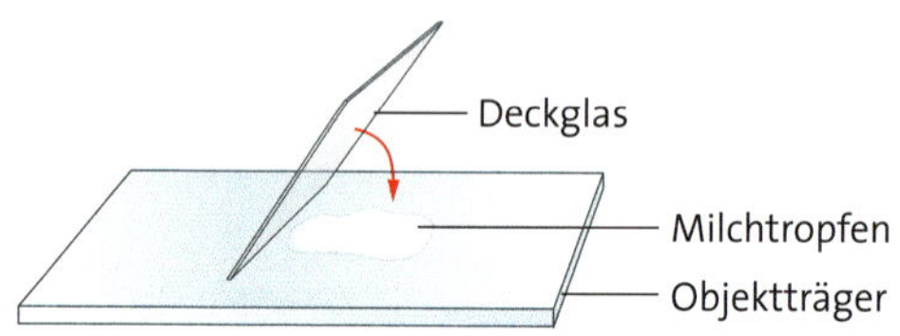


*Entsorgung*: Objektträger und Deckglas wieder verwenden.

## Exp. 6 Erstarrungstemperatur von fetten Ölen

Gib 20 ml Sonnenblumenöl in ein 50-ml-Becherglas und kühle es unter ständigem Rühren in Eiswasser. Miss die Temperatur im Abstand von 2 min. Bestimme die Temperatur, bei der das Öl zu erstarren beginnt. Vergleiche den Vorgang mit dem Gefrieren von Wasser.
*Entsorgung*: Öl einsammeln, wiederverwenden.

# Von der Sonnenblume zur Margarine

1 Der Anbau dieser prächtigen Pflanze dient nicht dem Verschönern der Landschaft, sondern in erster Linie der Gewinnung von Sonnenblumenöl.

**Gewinnung pflanzlicher Fette und Öle** Je nach dem Ölgehalt der pflanzlichen Samen und Früchte werden zwei verschiedene Verfahren genutzt:
In einem rein mechanischen Vorgang kann aus gut zerkleinerten ölhaltigen Samen unter Druck das Öl ausgepresst werden. Erfolgt die erste Pressung bei niedrigen Temperaturen (30 bis 40 °C), erhält man sog. kalt gepresstes Öl, das reich an Vitaminen ist.
Durch Extrahieren kann aus dem ölhaltigen Samen mithilfe eines hydrophoben Lösungsmittels, z. B. Heptan, das Öl herausgelöst werden. Öl und Lösungsmittel werden durch Destillation wieder voneinander getrennt. Durch Raffination wird das Öl noch von unerwünschten Stoffen, z. B. von Geruchs- und Geschmacksstoffen, befreit.

**Info 1**

### Margarine – ein streichfähiges Fett

1869 beauftragte NAPOLEON III. (1808–1873) den französischen Chemiker H. MÈGE-MOURIÈS für die teure Butter einen Ersatz, ein preiswerteres Streichfett, herzustellen. Er nutzte dazu das Fett aus dem Rindertalg, das er mit Magermilch „verbutterte". Als Produkt erhielt er ein streichfähiges und haltbares Speisefett. Aufgrund seines perligen Schimmers wurde das neue Streichfett „Margarine" (griech. *margaron:* Perle) genannt.

**Margarineherstellung** Bei der technischen Herstellung von Margarine werden gehärtetes Fett, Öl, entrahmte Milch, Wasser und Kochsalz vorgemischt. Nach Zugabe von fettlöslichen Vitaminen (A, D und E), Carotin (Farbstoff) und Lecithin (Emulgator) wird die Emulsion durchgeknetet und gekühlt. Mittels automatischer Packmaschinen wird die streichfähige Margarine abgefüllt (▸ 2).

## Aufgaben

1 Stelle die Zutaten für Margarine tabellarisch zusammen. Gib für die einzelnen Bestandteile mindestens ein Beispiel an.

2 Informiere dich über die Fetthärtung. Erläutere das Verfahren und benenne die Reaktionsart, die dabei Anwendung findet.

3 Recherchiere im Internet, wie hoch der Pro-Kopf-Verbrauch an Margarine in Deutschland ist. Nenne fünf Beispiele für handelsübliche Margarinesorten.

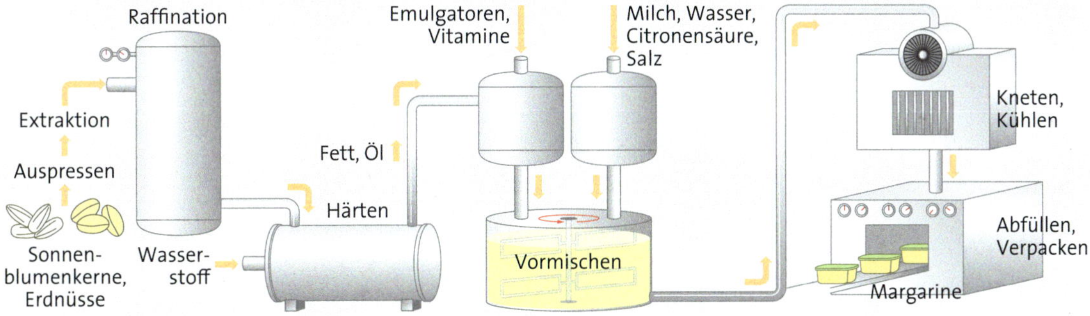


2 Schema der technischen Herstellung von Margarine

# Fette – wichtige natürliche Ester

**Wale haben eine dicke Isolationsschicht aus Fett. Das erleichtert ihnen das Konstanthalten der Körpertemperatur und dient als Energiereserve.**

**Die Milch eines Wals besteht aus bis zu 50 % Fett. Mehrere Hundert Liter dieser fettreichen Milch trinkt ein Walbaby täglich.**

**1** Walmutter mit ihrem Jungen

### Exp. 7 | L Brennbarkeit von Fetten

*Vorsicht!* In je eine Porzellanschale wird 1 ml Speiseöl und 1 g Butter gegeben. Die Schale wird auf einem Drahtnetz sehr stark erhitzt. Über die Schale wird ein langer brennender Holzspan gehalten.

### Exp. 8 | L Löschversuch von brennendem Fett

*Vorsicht! Hinter einer Schutzscheibe arbeiten!*
Etwas Speiseöl oder Kokosfett wird in einem Porzellantiegel erhitzt und entzündet. Aus einer Spritzflasche mit einem mindestens 60 cm langen Glasrohr ist Wasser auf das brennende Fett zu spritzen.

**2** Mayonnaisen sind Fettemulsionen.

**Vorkommen von Fetten** In jeder lebenden Zelle sind Fette enthalten. Bei Tieren findet sich Fettgewebe besonders unter der Haut sowie in der Bauchhöhle und in der Nähe von Organen, z. B. der Leber. Zur Versorgung der Jungtiere enthält die Milch von Säugetieren Fett in Form fein verteilter Tröpfchen (▸ Exp. 5, S. 36). Pflanzen speichern Fett besonders in Samen und im Fruchtfleisch (▸ Exp. 2, 4, S. 36). Beispiele sind Kokosnuss, Oliven, Erdnüsse, Palm- und Sonnenblumenkerne, Sojabohnen und Leinsamen. Auch hier dient das Fett als Energiereserve.

**Eigenschaften von Fetten** Tierische und pflanzliche Fette gibt es in fester und flüssiger Form, z. B. Kokosfett und Leinöl. In der Chemie wird die feste Form als **Fett** und die flüssige Form im Unterschied zu Mineralölen als **fettes Öl** bezeichnet. Fette verursachen auf Papier durchscheinende Flecke (▸ Exp. 1, S. 36). Diese **Fettfleckprobe** wird zum Nachweis von Fetten genutzt. Fette sind in Wasser nicht, in einigen unpolaren Lösungsmitteln dagegen gut löslich (▸ Exp. 3, S. 36). Einige natürliche Farbstoffe lösen sich gut in Fetten, was zum Färben von Butter, Margarine oder Speiseeis mit Carotin ausgenutzt wird. Fette emulgieren in Seifenlösungen. Diese Eigenschaft wird zur Herstellung vieler Kosmetika und Cremes, aber auch von Mayonnaisen genutzt. Fette sind brennbar und können sich beim Erhitzen auf über 300 °C selbst entzünden (▸ Exp. 7). Fettbrände dürfen niemals mit Wasser gelöscht werden, sondern durch Abdecken der Flammen (▸ Exp. 8). Fette erstarren beim Abkühlen nur langsam (▸ Exp. 6, S. 36). Beim Erwärmen erweichen sie langsam. Sie haben keine exakte Schmelztemperatur, sondern einen Erweichungsbereich. Daraus lässt sich ableiten, dass Fette Gemische sind.

**Bedeutung von Fetten** Fette haben einen hohen Sättigungswert, da ihr Energiegehalt mit 39 kJ/g mehr als doppelt so hoch ist wie der Energiegehalt der gleichen Masse Kohlenhydrate und Eiweiße. Sie dienen als Nahrungsmittel, verbessern deren Geschmack und lösen die Vitamine A, D und E. Fette liefern Grundstoffe für die Waschmittelherstellung.

**Einteilung und Bau von Fetten** Fette werden nach ihrem Vorkommen in pflanzliche und tierische Fette eingeteilt. Sie sind Glycerinester, die durch chemische Reaktion der drei Hydroxylgruppen des Glycerinmoleküls mit den Carboxylgruppen von drei Fettsäuremolekülen entstehen können. Pflanzliche Fette enthalten Fettsäuren mit gerader Anzahl von Kohlenstoffatomen im Molekül, tierische Fette können auch Fettsäuren mit einer ungeraden Kohlenstoffanzahl enthalten.

| Formel eines Fettmoleküls | Molekülreste der enthaltenen Fettsäuren |
|---|---|
| $H_2C-O-OC-C_{17}H_{33}$ | Ölsäuremolekülrest |
| $HC-O-OC-C_{17}H_{35}$ | Stearinsäuremolekülrest |
| $H_2C-O-OC-C_{15}H_{31}$ | Palmitinsäuremolekülrest |

**3** Fettmolekül mit verschiedenen Fettsäuremolekülresten

Bei festen Fetten, z. B. Butter und Kokosfett, sind überwiegend **gesättigte Fettsäuren** verestert. Bei fetten Ölen überwiegen ungesättigte Fettsäuren. In **gesättigten Fettsäuren** sind die Kohlenstoffatome im Alkylrest durch Einfachbindung gebunden. Zu ihnen gehören kurzkettige Fettsäuren wie Buttersäure mit vier Kohlenstoffatomen im Molekül und **höhere Fettsäuren** wie Stearinsäure mit 18 Kohlenstoffatomen im Molekül. **Ungesättigte Fettsäuren** enthalten mindestens eine Doppelbindung im Alkylrest, z. B. Ölsäure, oder mehrere Doppelbindungen, z. B. Linol- und Linolensäure. Mehrfach ungesättigte Fettsäuren haben als **essenzielle Fettsäuren** (lat. *essentialis:* lebensnotwendig) Bedeutung für den Fettstoffwechsel. Essenzielle Fettsäuren sind vom Organismus nicht synthetisierbar und müssen mit der Nahrung aufgenommen werden (▸**4**). Durch den Nachweis von Mehrfachbindungen in den Fettmolekülen lässt sich feststellen, ob im Fett ungesättigte Fettsäuren verestert sind (▸Exp. 9; **5**).

**Fette sind Gemische verschiedener Fettsäureester des Glycerins.**

**Bildung und Abbau von Fetten** Steht Butter längere Zeit offen in der Wärme, wird sie ranzig. Es lässt sich eine saure Reaktion nachweisen, u. a. ist Butansäure entstanden. Fette können wie alle Ester durch Reaktion mit Wasser gespalten werden. Dabei entstehen Glycerin und Fettsäuren.
Bei gesunden Menschen befinden sich Fettabbau und Fettaufbau in einem Gleichgewicht. Wird aber deutlich mehr Nahrung aufgenommen, als der Körper benötigt, ist dieses Gleichgewicht gestört. Die Nahrung wird umgewandelt und als Körperfett gespeichert. Fettabbau und Fettaufbau finden im Stoffwechsel unter Einwirkung von Enzymen statt.

$$\text{Fett} + \text{Wasser} \underset{\text{Fettbildung}}{\overset{\text{Fettabbau}}{\rightleftarrows}} \text{Glycerin} + \text{Fettsäuren}$$

**Exp. 9 | L Nachweis ungesättigter Fettsäuren**

*Abzug!* In Heptan (GHS02|08|07|09) gelöstes Butterfett, Kokosfett, Leinöl und Olivenöl werden mit 3%igem Bromwasser (GHS06) kräftig geschüttelt.

| Fett | Fettsäuremolekülreste in % | | |
|---|---|---|---|
| | gesättigt | einfach ungesättigt | mehrfach ungesättigt |
| Butter | 65 | 31 | 4 |
| Margarine | 20 | 47 | 33 |
| Olivenöl | 14 | 77 | 9 |
| Sojaöl | 13 | 23 | 64 |
| Erdnussöl | 16 | 56 | 28 |

**4** Anteile der Fettsäuremolekülreste in Nahrungsfetten

**5** Nachweis ungesättigter Fettsäuren mit Bromwasser

## Aufgaben

**1** Nenne Unterschiede, die zwischen tierischen und pflanzlichen Fetten und fetten Ölen bestehen.

**2** Ermittle, wovon es abhängt, ob Fette bei Zimmertemperatur fest, halbfest oder flüssig sind.

# Kohlenhydrate und Eiweiße

## Exp. 10 Erhitzen von Traubenzucker und Fruchtzucker

*Vorsicht! Abzug!* Fülle zwei trockene Reagenzgläser jeweils 1 cm hoch mit Traubenzucker und Fruchtzucker. Erhitze erst vorsichtig, dann kräftiger.
Prüfe das Kondensat an der Reagenzglaswand mit Watesmo-Indikatorpapier.
Wiederhole den Versuch mit Haushaltszucker, Stärke und Zellstoffwatte. Beschreibe deine Beobachtungen. Leite Schlussfolgerungen daraus ab.
*Entsorgung:* Reste in den Hausmüll geben.

## Exp. 11 Eigenschaften von Glucose und Fructose

Untersuche die Löslichkeit von Glucose und Fructose in Wasser und in n-Heptan (GHS02|08|07|09).
Prüfe die Flüssigkeiten mit Universalindikatorpapier und auf elektrische Leitfähigkeit.
Notiere deine Beobachtungen. Deute das Ergebnis.
*Entsorgung:* Heptanhaltige Flüssigkeiten in den Behälter für halogenfreie organische Abfälle, andere Flüssigkeiten ins Abwasser geben.

## Exp. 12 Wirkung von Fehling'scher Lösung auf Glucose und Fructose

*Vorsicht!* In einem Reagenzglas werden 1 ml Fehling'sche Lösung I (GHS07) und 1 ml Fehling'sche Lösung II (GHS05) gemischt. Füge 2 ml Glucoselösung zu und erhitze im siedenden Wasserbad 5 min. Prüfe dann eine Glucoselösung mit Glucoseteststäbchen. Wiederhole die Experimente mit Fructoselösung.
Notiere deine Beobachtungen. Vergleiche die Ergebnisse.
*Entsorgung:* Lösungen filtrieren. Filtrate ins Abwasser, Niederschläge in den Behälter für halogenfreie organische Abfälle geben.

## Exp. 13 Saccharose

*Vorsicht!* Gib in ein Reagenzglas 2 g Saccharose. Erhitze vorsichtig bei kleiner Flamme bis zur Schmelze. Untersuche danach die Löslichkeit von Saccharose in Wasser und in Petroleumbenzin (GHS02|08|07|09). Prüfe die Flüssigkeiten mit Universalindikatorpapier und auf elektrische Leitfähigkeit. Notiere deine Beobachtungen. Leite Schlussfolgerungen daraus ab.
*Entsorgung:* Petroleumbenzinhaltige Flüssigkeiten in den Behälter für halogenfreie organische Abfälle, andere Flüssigkeiten ins Abwasser geben.

## Exp. 14 Wirkung von Fehling'scher Lösung auf Saccharoselösung

*Vorsicht!* Löse 2 g Haushaltszucker in 6 ml Wasser. Teile diese Lösung in drei gleiche Portionen. Prüfe die 1. Probe wie im Exp. 12 mit Fehling'scher Lösung (GHS07|05). Gib in die 2. und 3. Probe einige Tropfen 10%ige Salzsäure (GHS07). Erhitze vorsichtig im Wasserbad bis zum Sieden. Neutralisiere die Proben nach Abkühlung mit 10%iger Natronlauge (GHS05). Prüfe anschließend die 2. Probe mit Fehling'scher Lösung (GHS07|05) und die 3. Probe mit Glucoseteststäbchen. Vergleiche die Ergebnisse.
*Entsorgung:* Lösungen filtrieren. Flüssigkeiten ins Abwasser, Niederschläge in den Behälter für halogenfreie organische Abfälle geben.

## Exp. 15 Verhalten von Stärke in Wasser

*Vorsicht!* Rühre in einem Becherglas etwa 5 g trockene Kartoffelstärke zu einem dünnen Brei an. Erhitze in einem zweiten Becherglas 100 ml Wasser bis zum Sieden. Gieße den Brei unter ständigem Rühren langsam in das siedende Wasser und lass ihn abkühlen. Beschreibe deine Beobachtungen. Streiche etwas von der Masse auf ein Blatt Papier, falte es. Entfalte das Blatt nach 30 min.
*Entsorgung:* Feste Stoffe in den Hausmüll, Flüssigkeiten ins Abwasser geben.

### Exp. 16 Stärkenachweis

*Vorsicht!* Mische etwa 3 g Stärke mit 100 ml Wasser. Koche die Lösung kurz auf und lasse sie abkühlen. Gib danach einige Tropfen Iod-Kaliumiodid-Lösung zu. Erwärme dann die Lösung und kühle sie anschließend unter fließendem Wasser wieder ab. Beschreibe deine Beobachtungen.
Prüfe nun Kartoffeln, Mehl, Reis und Käse auf Stärke. Zerreibe eine kleine Menge des Lebensmittels im Mörser. Gib davon kleine Stoffportionen in ein Reagenzglas mit etwa 5 ml Wasser. Erhitze bis zum Sieden und kühle dann auf Zimmertemperatur ab. Versetze die Proben mit je einem Tropfen Iod-Kaliumiodid-Lösung. Deute das Ergebnis.
*Entsorgung:* Feste Stoffe in den Hausmüll, Flüssigkeiten ins Abwasser geben.

### Exp. 17 Prüfung einer Stärkelösung mit Fehling'scher Lösung

*Vorsicht!* Gib etwa 2 ml Stärkekleister in ein Reagenzglas und prüfe mit einem Glucoseteststäbchen und mit Fehling'scher Lösung (GHS07|05). Beobachte.
Fülle zwei weitere Reagenzgläser mit je 2 ml Stärkekleister. Versetze die Proben mit 2 ml 10%iger Salzsäure (GHS07). Erhitze etwa 3 min im siedenden Wasserbad. Neutralisiere nach Abkühlung mit 10%iger Natronlauge (GHS05). Prüfe dann mit Fehling'scher Lösung (GHS07|05) und mit Glucoseteststäbchen. Vergleiche die Ergebnisse.
*Entsorgung:* Gemische mit Niederschlägen dekantieren, Flüssigkeiten ins Abwasser, Niederschläge in Behälter für halogenfreie organische Abfälle geben.

### Exp. 18 Aminosäuren

*Vorsicht!* Gib jeweils eine Spatelspitze verschiedener Aminosäuren auf eine Magnesiarinne und erhitze stark. Beobachte.
Gib je 1 g Alanin in drei Reagenzgläser. Gib ins erste Reagenzglas 3 ml Wasser, ins zweite 5 ml 10%ige Salzsäure (GHS07) und ins dritte 10 ml 10%ige Natronlauge (GHS05). Vergleiche die Beobachtungen.
*Entsorgung:* Feste Rückstände in den Hausmüll, Lösungen ins Abwasser geben.

### Exp. 19 Reaktion von Aminosäuren mit Ninhydrin

*Vorsicht!* Löse in zwei Reagenzgläsern je eine Spatelspitze Glycin und Alanin in 5 ml Wasser. Versetze die Lösungen mit 1 ml 1%iger Ninhydrinlösung und erwärme leicht. Versetze außerdem 5 ml 10%ige Essigsäure (GHS07) mit 1 ml Ninhydrinlösung und erhitze ebenfalls.
Vergleiche die Beobachtungsergebnisse.
*Entsorgung:* Lösungen in den Behälter für saure und alkalische Abfälle geben.

### Exp. 20 Wirkung von Salpetersäure und von Kupfer(II)-sulfatlösung auf Eiweiß

*Vorsicht!* Gib jeweils in ein 50-ml-Becherglas 4 ml Eiklar, ein Stück gekochtes Hühnereiweiß und einige weiße Vogelfedern. Gib in jedes Becherglas 3 ml konzentrierte Salpetersäure ($w$ = 65 %, GHS05).
Gib 4 ml Eiklar, 3 ml Natronlauge ($w$ = 10 %, GHS05) und 5 Tropfen Kupfer(II)-sulfatlösung ($w$ = 5 %) in ein Reagenzglas und schüttle kräftig.
Beobachte die Eiweißproben und notiere die Beobachtungsergebnisse.
*Entsorgung:* Kupfer-Ionen-haltige Lösungen in den Behälter für saure und alkalische Abfälle geben, übrige Lösungen verdünnen, neutralisieren und ins Abwasser, Feststoffe in den Hausmüll geben.

### Exp. 21 Löseverhalten von Eiweiß und das Verhalten bei Zusatz von Säuren, Laugen sowie Alkohol

*Vorsicht!* Gib je 2 ml Eiklar eines Hühnereies in vier Reagenzgläser. Gib in ein Glas 2 ml Wasser und schüttle, setze zu einem Glas 2 ml Ethanol (GHS02), zu dem dritten Glas einige Tropfen 10%ige Salzsäure (GHS07) und zu dem vierten Glas einige Tropfen 20%ige Natronlauge zu.
Fertige ein Protokoll an.
Vergleiche und diskutiere die Ergebnisse.
*Entsorgung:* Lösungen verdünnen und ins Abwasser geben.

# Trauben- und Fruchtzucker

**Die Süße in Weintrauben, Orangen und vielen anderen reifen Früchten entsteht durch Fotosynthese von grünen Pflanzen. Die Süße rührt vom Traubenzucker (Glucose) und einem weiteren Zucker, dem Fruchtzucker (Fructose), her.**

**1** Obst enthält viel Fruchtzucker.

**Exp. 22 | L** **Einwirken von konzentrierter Schwefelsäure auf Glucose**

*Abzug!* In einem hohen Becherglas wird etwas Traubenzucker mit 96%iger Schwefelsäure (GHS05) versetzt.

**Glucose und Fructose** Trauben- und Fruchtzucker zersetzen sich beim Erhitzen. Sie verkohlen (► Exp. 10, S. 40). Dabei bildet sich Wasserdampf. Das gleiche Ergebnis zeigt sich bei der Zersetzung von Traubenzucker durch Schwefelsäure. Auch Haushaltszucker, Stärke und Cellulose verhalten sich beim Erhitzen oder gegenüber Schwefelsäure ähnlich (► Exp. 22). Alle diese Beobachtungen lassen den Schluss zu, dass diese Stoffe mindestens aus den Elementen Kohlenstoff, Wasserstoff und Sauerstoff bestehen.

Die Summenformel von Glucose und Fructose lautet $C_6H_{12}O_6$. Früher wurde als Formel dafür auch $C_6(H_2O)_6$ geschrieben. Von solchen Darstellungen leitet sich die Bezeichnung **Kohlenhydrate** für die ganze Stoffgruppe ab. Da viele Stoffe der Kohlenhydrate süß schmecken, werden sie auch **Zucker** oder **Saccharide** (lat. *saccharum:* Zucker) genannt.

**Eigenschaften von Glucose und Fructose** Glucose ist ein weißer, kristalliner Stoff mit süßem Geschmack, der in Wasser gut löslich, in unpolaren Lösungsmitteln unlöslich ist. Glucoselösungen reagieren neutral und leiten den elektrischen Strom nicht (► Exp. 11, S. 40).

Glucose ist energiereich, im Organismus leicht transportierbar und am Stoffwechsel von Menschen, Tieren und Pflanzen beteiligt.

Die im Blut gelöste Glucose wird als Blutzucker bezeichnet. Der Normalwert der Blutzuckerkonzentration liegt beim gesunden Menschen zwischen 70 und 115 mg Glucose pro 100 ml Blut. Eine erhöhte Blutzuckerkonzentration tritt bei der Zuckerkrankheit (Diabetes mellitus) auf.

In vielen Eigenschaften ähnelt Fructose der Glucose. Eine Fructoselösung schmeckt aber z. B. süßer als eine Glucoselösung bei gleichem Massenanteil. Sie kristallisiert aus wässrigen Lösungen schlecht aus und bildet stattdessen sirupartige Flüssigkeiten.

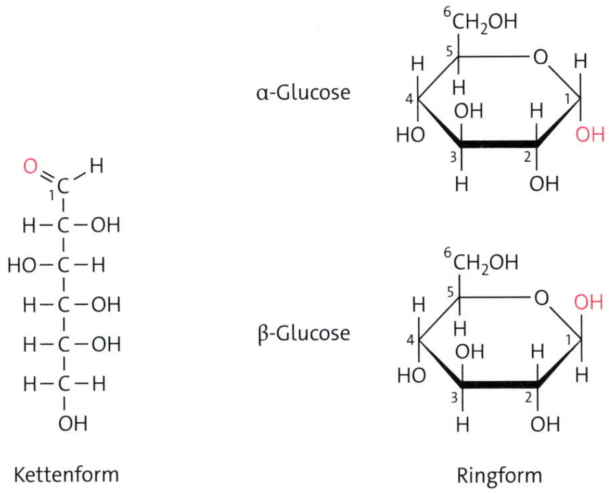


**2** Strukturformeln des Glucosemoleküls

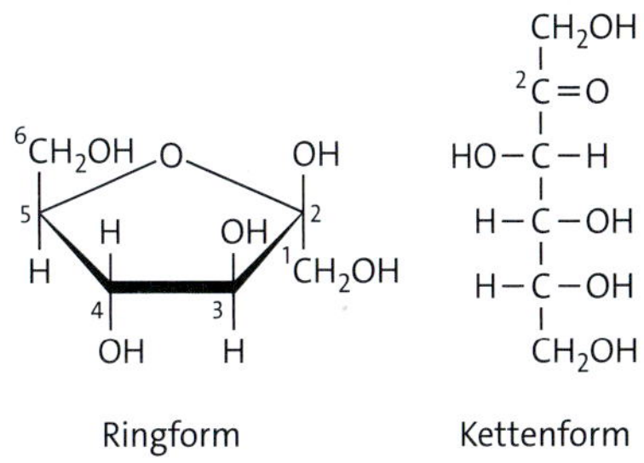


**3** Strukturformeln des Fructosemoleküls

**Bau der Moleküle von Glucose und Fructose** Im Molekül der Glucose sind sechs Kohlenstoffatome durch Einfachbindungen miteinander verbunden. Sie bilden eine unverzweigte Kette mit fünf Hydroxylgruppen und einer Aldehydgruppe am endständigen Kohlenstoffatom (▸**2**). Die Hydroxylgruppen im Glucosemolekül bedingen das hydrophile Verhalten der Glucose und rufen außerdem ihren süßen Geschmack hervor.
Weitere Untersuchungen haben gezeigt, dass die Glucosemoleküle auch ringförmig vorliegen können. Beim Glucosemolekül schließen sich dabei das erste und das fünfte Kohlenstoffatom über ein Sauerstoffatom zu einem Sechsring zusammen. Nach der Stellung der Hydroxylgruppe am ersten Kohlenstoffatom wird zwischen α-Glucose- und β-Glucosemolekülen unterschieden (▸**2**).
In wässrigen Lösungen liegen Moleküle aller drei Formen nebeneinander vor, wobei der Anteil der Moleküle in den Ringformen 99 % beträgt. In kristallisierter Glucose sind die Moleküle nur in der Ringstruktur vorhanden.

Fructosemoleküle kommen ebenfalls in Ketten- und Ringform vor. Anstelle der Aldehydgruppe im Glucosemolekül enthält das Fructosemolekül am zweiten Kohlenstoffatom eine **Ketogruppe** $>C=O$ (▸**3**).
Glucose und Fructose sind **Isomere**. Sie zählen aufgrund ihres Molekülbaus zu den **Einfachzuckern**, den **Monosacchariden**.

**Nachweis** Glucose und Fructose wirken reduzierend, daher kann zum Nachweis Fehling'sche Lösung oder Tollens-Reagenz verwendet werden. Mit Fehling'scher Lösung bildet sich ein rotbrauner Niederschlag, mit Tollens-Reagenz ein Silberspiegel (▸Exp. 12, S. 40; Exp. 23).
In der Medizin wird Glucose spezifisch mit Teststäbchen nachgewiesen. Die Glucoseteststäbchen zeigen durch eine Farbreaktion die Anwesenheit von Glucose an.

**Glucose und Fructose sind Monosaccharide. Ihre Moleküle treten in Ketten- und Ringform auf. Sie sind Bausteine der Kohlenhydrate.**

**Exp. 23 | L Wirkung von Tollens-Reagenz auf Glucose**

5 ml 8%ige Glucoselösung sind mit frisch bereiteter ammoniakalischer Silbernitratlösung (GHS05) zu mischen und in ein Wasserbad ($\vartheta = 95\,°C$) zu stellen.

## Aufgaben

**1** Erläutere anhand der Fotosynthese die Bildung von Glucose.

**2** Informiere dich über die Verwendung von Glucose und Fructose.

**3** Glucose und Fructose haben die gleiche Summenformel.
Gib an, wodurch sich die beiden Stoffe unterscheiden.

**4** Glucose ist ein wichtiger Energiespender. Begründe.

# Vom Einfachzucker zum Zweifachzucker

**Noch im 18. Jahrhundert wurde Zucker ausschließlich aus Zuckerrohr gewonnen – einem Süßgras, das nur in subtropischen und tropischen Gebieten gedeiht und bis zu 7 Meter hoch wird. Das sich in den Halmen befindende weiche, zuckerhaltige Mark liefert den begehrten Rohrzucker.**

**1** Zuckerrohrplantage und aufgeschnittenes Zuckerrohr

**Info**

Der Name Krokant kommt vom französischen *croquer:* knabbern. Um Mandel- oder Sesamkrokant herzustellen, müssen in einem Pfännchen 30 g Zucker und 20 g Butter erhitzt, 100 g Mandelstifte bzw. Sesam zugegeben und goldbraun karamellisiert werden. Anschließend die Masse auf einer geölten Fläche abkühlen lassen. Guten Appetit!

**Saccharose – unser Haushaltszucker** Der im Haushalt zum Kochen und Backen fast unentbehrliche Zucker heißt **Saccharose**. Nach seiner Herkunft wird er auch **Rohrzucker** oder **Rübenzucker** genannt. Dieser Zucker wird vielseitig verwendet, entweder zum Süßen von Speisen und Getränken, aber auch zur Herstellung von Gebäck, Schokolade und Bonbons. Wie unterscheidet sich Saccharose von Glucose?
Saccharose gleicht in vielen Eigenschaften dem Trauben- bzw. Fruchtzucker. Sie bildet weiße Kristalle, löst sich sehr gut in Wasser, jedoch nicht in unpolaren Lösungsmitteln wie Petroleumbenzin. Saccharoselösungen reagieren neutral und leiten den elektrischen Strom nicht (▸ Exp. 13, S. 40).

Bienen spalten die im Nektar enthaltene Saccharose in ein Gemisch aus Fructose und Glucose, den Bienenhonig. Dieser Vorgang verläuft mithilfe von Enzymen. Auch im menschlichen Verdauungstrakt ist ein Saccharose spaltendes Enzym vorhanden.

**2** Erdnusskrokant

Beim Erhitzen karamellisiert Zucker. Der geschmolzene Zucker nimmt dabei eine braune Farbe und einen besonderen Geschmack an (▸ **2**).
Die Saccharoselösung zeigt mit Fehling'scher Lösung keine Reaktion. Wird sie aber unter Säurezugabe erhitzt, verläuft die Reaktion wie auch die Prüfung mit Glucoseteststäbchen positiv (▸ Exp. 14, S. 40). Beim Erhitzen mit Säure wird Saccharose unter Aufnahme von Wasser in Einfachzucker gespalten (**Hydrolyse**), wobei die Säure als Katalysator wirkt. Die Untersuchung der Reaktionsprodukte zeigt, dass Saccharosemoleküle aus je einem Molekül Glucose und Fructose gebildet werden (▸ **3**).
Zucker, die aus zwei Monosaccharidmolekülen aufgebaut sind, werden als **Zweifachzucker** oder **Disaccharide** bezeichnet. Alle Disaccharide liegen nur in Ringform vor und haben die **Summenformel $C_{12}H_{22}O_{11}$**.

$$\underset{\text{Saccharose}}{C_{12}H_{22}O_{11}\,(aq)} + H_2O\,(l) \underset{\text{Kondensation}}{\overset{\text{Hydrolyse}}{\rightleftharpoons}} \underset{\text{Glucose}}{C_6H_{12}O_6\,(aq)} + \underset{\text{Fructose}}{C_6H_{12}O_6\,(aq)}$$

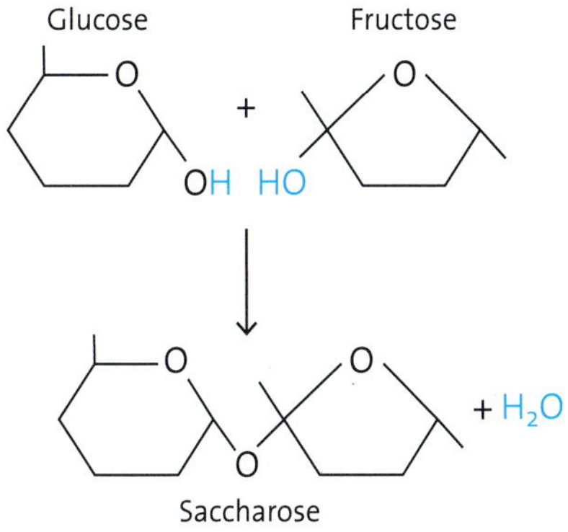


**3** Vereinfachte Darstellung der Bildung von Saccharose

**Zweifachzucker aus Malz und Milch** In der Natur kommt **Maltose** (**Malzzucker**) in keimendem Getreide und in Kartoffelkeimen vor. Sie ist im Malzextrakt und im Malzbier enthalten. Malzzucker schmeckt weniger süß als Rohrzucker (▸ **4**).
Maltose hat wie alle Disaccharide die Formel $C_{12}H_{22}O_{11}$, ihre Moleküle sind aber anders aufgebaut als z. B. Saccharosemoleküle. Im Maltosemolekül sind zwei α-Glucosemoleküle miteinander verknüpft. Ein Maltosemolekül wird deshalb durch Hydrolyse in zwei Glucosemoleküle gespalten. Dieser Vorgang verläuft im Stoffwechsel von Lebewesen unter dem Einfluss von Enzymen.

$$\underset{\text{Maltose}}{C_{12}H_{22}O_{11}\,(aq)} + H_2O\,(l) \longrightarrow \underset{\text{Glucose}}{2\,C_6H_{12}O_6\,(aq)}$$

**4** Nahrungsmittel, die Malzzucker enthalten

Das Disaccharid **Lactose** (**Milchzucker**) $C_{12}H_{22}O_{11}$ bildet farblose Kristalle und schmeckt noch weniger süß als Malzzucker. Lactose ist ein wichtiger Bestandteil der Säuglingsnahrung. In der Muttermilch beträgt der Milchzuckeranteil 5 bis 7 %. Milchzucker wird aus tierischer Milch gewonnen (▸ **5**). Von der Milch werden zunächst Rahm und Eiweiß abgetrennt. Aus der verbliebenen Molke kristallisiert schließlich Lactose aus. Ein Lactosemolekül ist aus Molekülen der Einfachzucker Galactose und Glucose aufgebaut.

**5** Vollmilch enthält 4 bis 5 % Milchzucker.

**Disaccharide sind Kohlenhydrate, deren Moleküle aus zwei Monosaccharidbausteinen bestehen. Sie lassen sich durch Hydrolyse wieder in Monosaccharide spalten.**

## Aufgaben

**1** Stelle mithilfe eines Molekülbaukastens die Bildung eines Saccharosemoleküls dar.

**2** Wende die Begriffe Hydrolyse und Kondensation auf die Bildung und Spaltung von Malzzucker an.

**3** Erkunde den Maltosegehalt (Massenanteil) in verschiedenen Biersorten.

**4** Nenne Isomere des Kohlenhydrats mit der Summenformel $C_{12}H_{22}O_{11}$.

# Von der Rübe zum Haushaltszucker

**1** Zuckergewinnung um 1600

**2** ANDREAS SIGISMUND MARGGRAF (1709 bis 1782) entdeckte 1747 den Zucker in der Runkelrübe.

Zucker ist etwas ganz Selbstverständliches in unserem Leben. Jeder kennt ihn und weiß, was gemeint ist, wenn jemand im Café nach Zucker verlangt. Doch wo kommt der Zucker eigentlich her?

**Gewinnung von Haushaltszucker** Zucker wird aus Rüben gewonnen. Nach der Ernte werden die Rüben gewaschen und zerkleinert. Anschließend wird in Extraktionstürmen den Rübenschnitzeln mit heißem Wasser der Zucker entzogen. Es entsteht **Rohsaft**, der noch Verunreinigungen, z. B. Eiweiße, Salze, Farbstoffe, enthält.

Durch Zusatz von Kalkmilch (wässrige Suspension von Calciumhydroxid) und Kohlenstoffdioxid wird ein großer Teil der Begleitstoffe ausgefällt. Nach der Filtration liegt **Dünnsaft** mit einem Saccharoseanteil von etwa 15 % vor.
Der Dünnsaft wird durch mehrere Verdampfertürme geleitet. Durch den Wasserentzug entsteht **Dicksaft** mit einem Saccharoseanteil von etwa 70 %.

Der vorliegende Dicksaft wird im Vakuum weiter entwässert. Gleichzeitig wird durch Impfen mit Saccharosekristallen die Kristallisation angeregt. Die leicht bräunlichen Zuckerkristalle (**Rohzucker**) werden durch Zentrifugieren abgetrennt.
Bei der nachfolgenden Reinigung (Raffination), ein Wechsel zwischen Lösen und Kristallisieren, wird der weiße **Raffinadezucker** erhalten.
Der bei der Zuckergewinnung zuletzt anfallende braune, honigartige Rückstand wird als **Melasse** bezeichnet. Sie ist nährstoffreich und wird als Futtermittel genutzt. Das gilt auch für die entzuckerten Rübenschnitzel.

**Anteil der Saccharose in der Rübe** Durch Züchtung konnte der Zuckeranteil in der Rübe, der ursprünglich nur einem Massenanteil von ca. 5 % entsprach, wesentlich erhöht werden. Heutige Zuckerrüben enthalten bis zu 20 % Saccharose.
100 kg Zuckerrüben ergeben:
12 bis 15 kg Zucker, 3,4 kg Melasse, 45 kg feuchte Rübenschnitzel.

**3** Zucker ist in der verdickten Wurzel der Zuckerrübe gespeichert.

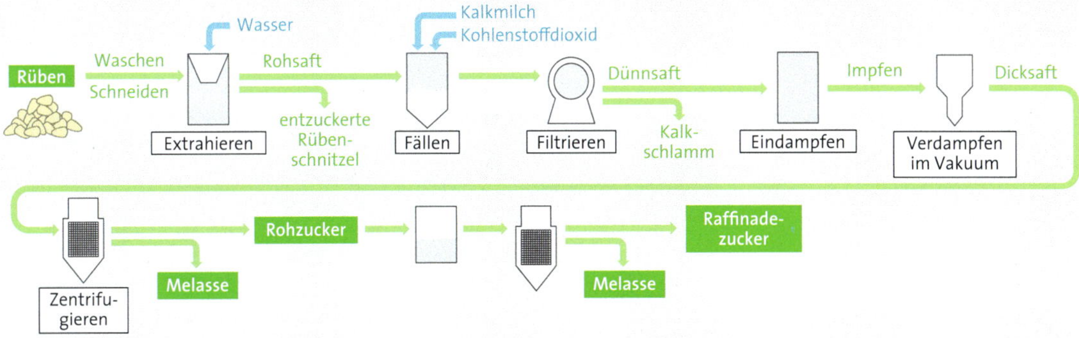


**4** Schema der Herstellung von Saccharose

**Exp. 1** **Gewinnung von Rohsaft aus Zuckerrüben**

Reinige eine frische Zuckerrübe mit Wasser. Schäle sie und zerkleinere sie mit einem Gurkenhobel. Lauge die Rübenschnitzel in heißem Wasser aus. Beachte, dass der entstehende Saft noch viele Verunreinigungen enthält. Dicke ihn im Wasserbad unter ständigem Rühren ein, bis ein zäher Sirup entsteht. Verdünne eine Portion des Sirups mit Wasser und schüttle sie danach mit gekörnter Aktivkohle. Deute das Ergebnis.
*Entsorgung:* Verdünnten Sirup einsammeln, wird weiterverwendet, Farbstoffe in den Hausmüll, Flüssigkeiten ins Abwasser geben.

**Exp. 2** **Lösen und Gewinnen von Zucker**

Wiege zwei Stück Würfelzucker und löse sie in 30 ml Wasser. Überlege, wie der Zucker zurückgewonnen werden könnte. Plane das Experiment und führe es durch. Bestimme die Masse des zurückgewonnenen Zuckers. Diskutiere das Ergebnis. Erkunde zu Hause die Süßkraft von Haushaltszucker, Trauben- und Fruchtzucker.
*Entsorgung:* Feststoffe in den Hausmüll, Flüssigkeiten ins Abwasser geben.

**Exp. 3** **Prüfung von Saccharose mit Seliwanoff-Reagenz**

*Vorsicht!* Gib in je ein Reagenzglas eine reichliche Spatelspitze gemörserten Würfelzucker, Puderzucker und Feinzucker. Löse die Proben in je 2 ml destilliertem Wasser und versetze sie danach mit 5 ml Seliwanoff-Reagenz (Resorcin-Salzsäure-Gemisch GHS07|09|05). Schüttle vorsichtig und stelle anschließend die Proben für 1 min in ein siedendes Wasserbad. Führe eine Blindprobe durch. Beschreibe deine Beobachtungen.
Wiederhole den Versuch mit etwas Sirup aus dem Exp. 1. Deute das Ergebnis.
*Entsorgung:* Lösungen filtrieren, Flüssigkeiten ins Abwasser, Niederschläge in den Behälter für halogenfreie organische Abfälle geben.

**5** Handelsformen von Zucker

## Aufgaben

**1** Erstelle eine tabellarische Übersicht über die wichtigsten Verfahrensschritte bei der Saccharosegewinnung und beschreibe sie kurz.

**2** Entwickle einen Steckbrief von Saccharose.

**3** Recherchiere, wie Karamell hergestellt wird. Entwickle eine Versuchsbeschreibung. Plane den Versuch und führe ihn zu Hause durch.

**4** Finde heraus, was Zuckercouleur bedeutet.

# Stärke und Cellulose

**Die Pflanzen legen für Mangelzeiten einen Nährstoffvorrat an. Einer der wichtigsten Reservestoffe ist die Stärke. Sie wird in Knollen, Wurzelstöcken, Stämmen, Samen und Früchten gespeichert. Die höchsten Bäume der Erde können aufgrund ihrer Gerüstsubstanz, der Cellulose, bis über 150 m hoch wachsen.**

**1** Cellulose verleiht den Pflanzen Festigkeit.

**Info**

Stärke wird in Pflanzenzellen in Form von 5 bis 200 µm großen Stärkekörnern gespeichert. Jede Pflanzenart bildet dabei für sie typische Kornformen. Diese lassen sich leicht gewinnen und mikroskopieren. Beispielsweise wird eine Kartoffel einfach gerieben und anschließend durch ein Tuch gepresst. Die Stärkekörner lassen sich dann leicht durch Sedimentieren und Dekantieren aus dem Filtrat gewinnen. Bei 100- bis 200-facher Vergrößerung lassen sich die Formen unter dem Mikroskop leicht betrachten.

**2** Iod-Kaliumiodid-Lösung auf Stärkepulver

**Eigenschaften und Nachweis von Stärke** Stärke ist ein weißer, fester Stoff, der sich beim Erhitzen zersetzt. In kaltem Wasser löst sich die Stärke kaum, in heißem etwas besser. Im warmen Wasser quillt sie zu einer klebrigen Masse auf, dem Stärkekleister (▸Exp. 15, S. 40). Stärke kann durch die **Blaufärbung** mit **Iod-Kaliumiodid-Lösung** nachgewiesen werden. Diese Färbung verschwindet beim Erhitzen und erscheint beim Abkühlen erneut (▸Exp. 16, S. 41; ▸**2**).

**Bau der Moleküle von Stärke** Bei der Prüfung von Stärke mit Fehling'scher Lösung oder Glucoseteststäbchen lässt sich keine Glucose nachweisen. Nach Erhitzen mit Säure fällt die Prüfung positiv aus. Die Stärke wird bei diesem Vorgang durch Hydrolyse in Glucose aufgespalten, die sich nachweisen lässt (▸Exp. 17, S. 41). Stärkemoleküle sind nämlich ausschließlich aus α-Glucosemoleküleinheiten aufgebaut. In der Stärke sind jeweils mehrere Tausend Glucosemolekülreste zu **Makromolekülen** (griech. *makros:* groß) miteinander verbunden. Deshalb wird sie auch als **Vielfachzucker** oder **Polysaccharid** (griech. *poly:* viel) bezeichnet.

Die Größe der Stärkemoleküle ist bei den einzelnen Pflanzenarten unterschiedlich. Für Stärke kann deshalb die **allgemeine Summenformel** $(C_6H_{10}O_5)_n$ angegeben werden (▸**3**).

$$\underset{\text{Polysaccharid}}{\text{Stärke + Wasser}} \underset{\text{Kondensation}}{\overset{\text{Hydrolyse}}{\rightleftharpoons}} \underset{\text{Monosaccharid}}{\text{Glucose}}$$

Wie die Untersuchungen mit heißem Wasser zeigten, ist Stärke kein einheitlicher Stoff. Sie ist ein Gemisch aus zwei unterschiedlichen Vielfachzuckern. **Amylose** (griech. *amylon:* Stärke) befindet sich im Innern des Stärkekorns. Sie besteht aus 250 bis 350 Glucosemolekülresten, die unverzweigte, spiralig angeordnete Ketten bilden (▸**4**).

Amylose ist in heißem Wasser löslich. Sie zeigt mit Iod-Kaliumiodid-Lösung eine Farbreaktion, da sich die Iodmoleküle in das Innere der Amylosespirale schieben. Dies führt zu einer intensiven Blaufärbung. Amylose macht etwa 20 bis 30 % der pflanzlichen Stärke aus.
**Amylopektin**, der Hauptbestandteil des Stärkekorns (meist 70 bis 80 %), bildet dessen Hüllschichten. Es besteht aus Tausenden von Glucosemolekülresten, die neben der spiraligen Anordnung auch noch zahlreiche verzweigte Ketten bilden (▸ **4**).
Amylopektin ist wasserunlöslich, in heißem Wasser quillt es auf und verkleistert. Das Quellen und Verkleistern der Stärke wird z. B. beim Backen und bei der Herstellung von Süßspeisen, Soßen, Textilstärken, Holzleimen und Tapetenkleistern genutzt.

**Stärke – ein Nährstoff** In lebenden Zellen werden Hydrolyse und Kondensation der Stärke durch Enzyme gesteuert. Im menschlichen Körper bauen bereits im Mund Verdauungsenzyme des Speichels (Amylasen) Stärkemoleküle unter Bildung von Malzzucker ab. Bei der weiteren Verdauung im Dünndarm erfolgt unter Mitwirkung von Enzymen die vollständige Zerlegung in Glucose, die ins Blut aufgenommen wird. Stärke ist somit ein wichtiger Nährstoff für die Energieversorgung des Körpers.

**Cellulose – das Gerüst der Pflanzen** Cellulosefasern, die in die Zellwände eingelagert sind, verleihen den Pflanzen Festigkeit und Stabilität. Holz enthält 40 bis 60 % Cellulose. Baumwolle besteht fast nur aus Cellulose, auch Hanf hat einen sehr hohen Celluloseanteil.
Cellulose ist in reinem Zustand weiß, geruchlos und in Wasser unlöslich. Sie ist wie Stärke ein Polysaccharid. Cellulose ist aus Makromolekülen aufgebaut, die aus bis zu 12 000 Glucosemolekülresten bestehen und unverzweigte, gestreckte und parallel ausgerichtete Molekülketten bilden.

**Bedeutung der Cellulose für die Ernährung** Cellulose dient aber nicht wie die Stärke der Energieversorgung, da sie für den menschlichen Organismus nicht verdaulich ist. Trotzdem ist Cellulose unverzichtbar. Als **Ballaststoff** regt sie die Darmbewegung an und wirkt so verdauungsfördernd. Ballaststoffreiche Nahrung beugt zahlreichen Krankheiten vor.

**Stärke und Cellulose sind Polysaccharide, deren Moleküle aus vielen Glucoseeinheiten aufgebaut sind. Die unterschiedlichen Eigenschaften von Stärke und Cellulose beruhen auf der unterschiedlichen Struktur ihrer Moleküle.**

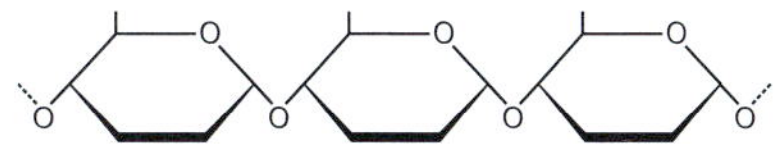

**3** Vereinfachte Strukturformel eines Stärkemoleküls (Ausschnitt)

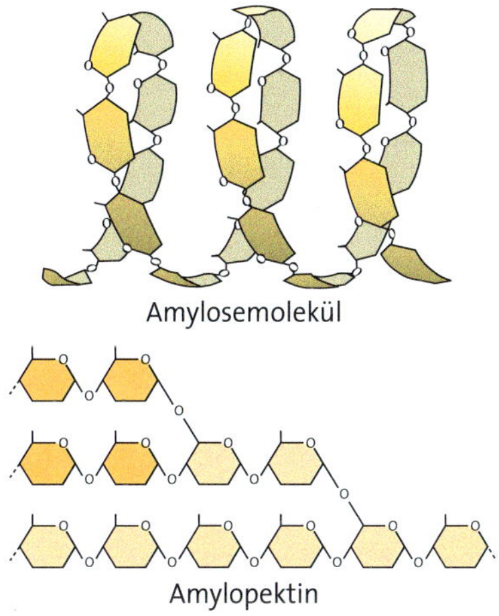


**4** Ausschnitte aus einem Stärkemolekül

**5** Cellulosereiche Nahrungsmittel

## Aufgaben

**1** Stärke wird als Polysaccharid bezeichnet. Begründe.

**2** Kaue einen Löffel voll Haferflocken ca. 5 min lang. Beschreibe und deute deine Empfindung.

**3** Nenne Gemeinsamkeiten und Unterschiede der Moleküle von Amylose und Amylopektin.

**4** Beschreibe die Vorgänge beim Stärkeabbau.

**5** Begründe, warum wir mit der Nahrung möglichst viele Ballaststoffe zu uns nehmen sollten.

**6** Informiere dich über die Bedeutung der Cellulose. Präsentiere das Ergebnis der Klasse.

# Eiweiße und ihre Bausteine

**Eiweiße sind die wichtigsten Bau- und Gerüststoffe im menschlichen Körper. Ohne sie ist Entwicklung, Wachstum und Leben nicht möglich.**

**1** Eiweiße im menschlichen Körper

**2** Die hauchdünnen Fäden eines Spinnennetzes werden aus Eiweißstoffen gebildet.

**Vorkommen und Bedeutung von Eiweißen** Eiweiße oder Proteine finden sich in Wolle, Haaren, Hörnern, Hufen und Nägeln, in Knochen und in Milch, aber auch in Seidenfäden der Seidenraupe oder von Spinnen und in Schalen von Weichtieren. Mehr als 50 % der Trockenmasse bei Mensch und Tier bestehen aus Eiweiß. Pflanzliches Eiweiß ist besonders in den Samen und Knollen von Pflanzen gespeichert. Eiweiße bestimmen die Struktur und Funktion jeder Zelle im Organismus. Sie sind am Stoffwechsel als Enzyme, Hormone und Regulatoren beteiligt sowie bei der Fortpflanzung und der Vererbung. Eiweiße sind wichtige Nahrungsmittel für den Menschen und Futtermittel für Tiere. Einige Eiweiße werden in Kosmetika und in Waschmitteln eingesetzt.

**Eigenschaften von Eiweißen** Eiweiße werden bei starkem Erhitzen und bei Erhitzen mit Natriumhydroxid zerstört (► Exp. 24). Reaktionsprodukte sind dabei u. a. Ammoniak, Schwefelwasserstoff und Wasser. Bei vorsichtigem Erhitzen gerinnen Eiweiße, bei Zugabe von Alkohol, Säuren und Schwermetallsalzen flocken sie aus (► Exp. 21, S. 41). Dabei werden die Strukturen der Eiweiße verändert. Sie verlieren ihre biologische Wirksamkeit, weshalb diese Vorgänge als **Denaturierung** bezeichnet werden. Eier werden durch Kochen, Milch durch Gerinnen denaturiert. Denaturiertes Eiweiß kann leichter vom Körper verwertet werden.
Übermäßiger Alkoholgenuss schädigt das Eiweiß in den Körperzellen, besonders der Leber und des Gehirns. Starke Hitze schädigt Hautzellen.

**Aminosäuren** Eiweiße gehören zu den makromolekularen Naturstoffen, die die Elemente Kohlenstoff ($w \approx 50\,\%$), Wasserstoff ($w \approx 7\,\%$), Stickstoff ($w \approx 16\,\%$), Sauerstoff ($w \approx 25\,\%$) und Schwefel ($w \approx 2\,\%$) in fast konstantem Verhältnis enthalten. Werden Eiweiße hydrolytisch gespalten, entstehen **Aminosäuren**, die Grundbausteine aller Eiweiße. In einem Eiweißmolekül können weit über 100 Aminosäurereste verknüpft sein.

**Exp. 24** **L** **Erhitzen von Eiweiß mit Natriumhydroxid**

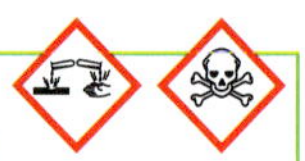

Festes Eiweiß (Haare, Fingernägel) wird mit Natriumhydroxidplätzchen (GHS05) stark erhitzt.
Die Dämpfe (GHS06) werden mit feuchtem Universalindikatorpapier und feuchtem Bleiacetatpapier geprüft.

**Eigenschaften von Aminosäuren** Aminosäuren sind bei Zimmertemperatur feste, kristalline Stoffe. Sie sind gut in Wasser und schlecht in unpolaren Lösungsmitteln löslich. Bei starkem Erhitzen zersetzen sie sich und verbrennen vollständig (► Exp. 18, S. 41).
Aminosäuren zeigen mit Ninhydrin eine intensive violette Farbreaktion. Diese Reaktion ist ein empfindlicher Nachweis für Aminosäuren (► Exp. 19, S. 41). Aminosäuren sind amphoter (griech. *amphóteros:* jeder von beiden). Das bedeutet, dass sie sich je nach Reaktionspartner als Säure oder als Base verhalten können. Aufgrund der Carboxylgruppe im Molekül können sie wie andere Carbonsäuren mit Hydroxidlösungen Salze bilden. Wegen der Aminogruppe im Molekül können sie wie andere Basen mit Säuren ebenfalls Salze bilden.

**Molekülstruktur von Aminosäuren** Aminosäuren gehören zu den organischen Verbindungen, deren Moleküle mehrere funktionelle Gruppen haben. Aminosäuren sind Carbonsäuren, in deren Molekülen mindestens eine **Carboxylgruppe (–COOH)** und eine **Aminogruppe ($-NH_2$)** enthalten sind. In der Natur kommen über 500 Aminosäuren vor.
Von besonderer Bedeutung sind die 22 Aminosäuren, aus denen alle Eiweiße aufgebaut sind. Bei diesen Aminosäuren befindet sich die Aminogruppe am zweiten Kohlenstoffatom im Molekül, dem Kohlenstoffatom neben der Carboxylgruppe (►**3**, **4**). Deshalb werden diese auch als 2-Aminosäuren (alte Bezeichnung α-Aminosäuren) bezeichnet.

> **Aminosäuren sind Carbonsäuren mit mindestens einer Carboxylgruppe und einer Aminogruppe im Molekül.**

**Essenzielle Aminosäuren** Im menschlichen Organismus wird körpereigenes Eiweiß durch biochemische Reaktionen aus Aminosäuren aufgebaut. Bestimmte Aminosäuren kann der Körper selbst synthetisieren, andere dagegen nicht. Diese Aminosäuren werden als **essenzielle** (lat. *essentialis:* wesentlich, hauptsächlich) **Aminosäuren** bezeichnet. Essenzielle Aminosäuren müssen dem Organismus mit der Nahrung zugeführt werden, da sonst lebensbedrohliche Erkrankungen auftreten, die bis zum Tod führen können. 1 Liter Kuhmilch deckt den täglichen Bedarf des Menschen an essenziellen Aminosäuren.
Für den Menschen sind folgende Aminosäuren essenziell: Leucin, Isoleucin, Lysin, Methionin, Phenylalanin, Threonin, Tryptophan und Valin.

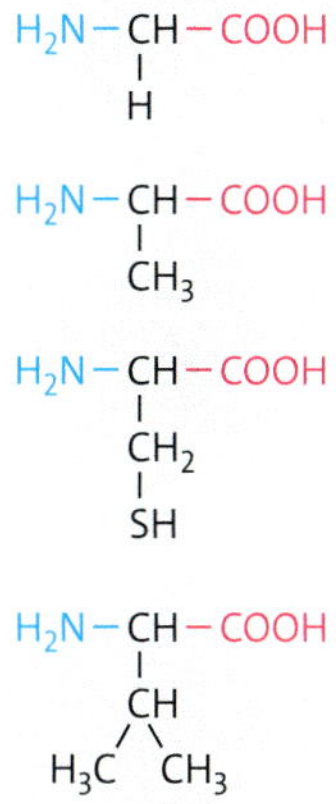

Glycin (Gly)

Alanin (Ala)

Cystein (Cys)

Valin (Val)

**3** Verschiedene Aminosäuren

**α-Aminosäure: allgemeine Formel und funktionelle Gruppen**

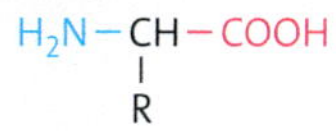

| | |
|---|---|
| $-NH_2$ | Aminogruppe |
| – COOH | Carboxylgruppe |
| – R | Molekülrest |
| **Beispiele** | R (Molekülrest) |
| Serin (Ser) | $-CH_2OH$ |
| Lysin (Lys) | $-(CH_2)_3-CH_2-NH_2$ |
| Glutaminsäure (Glu) | $-CH_2-CH_2-COOH$ |

**4** Bauprinzip der Aminosäuren

**Info**
Aminosäuren besitzen historisch entstandene Namen, z. B.:
Glycin – Aminoethansäure
Alanin – 2-Aminopropansäure
Serin – 2-Amino-3-hydroxypropansäure

## Aufgaben

**1** Eiweiße werden als Träger des Lebens bezeichnet. Finde Belege für die Richtigkeit dieser Aussage durch Recherchen in geeigneten Informationsquellen.

**2** Informiere dich über Aufgaben von Eiweißen für die Vererbung und Fortpflanzung von Lebewesen.

**3** Für die menschliche Ernährung werden essenzielle und nicht essenzielle Aminosäuren unterschieden. Kennzeichne die Begriffe und gib für jede Gruppe zwei Beispiele mit Namen und Formel an.

**4** Fertige eine Übersicht über besonders eiweißhaltige Lebensmittel an.

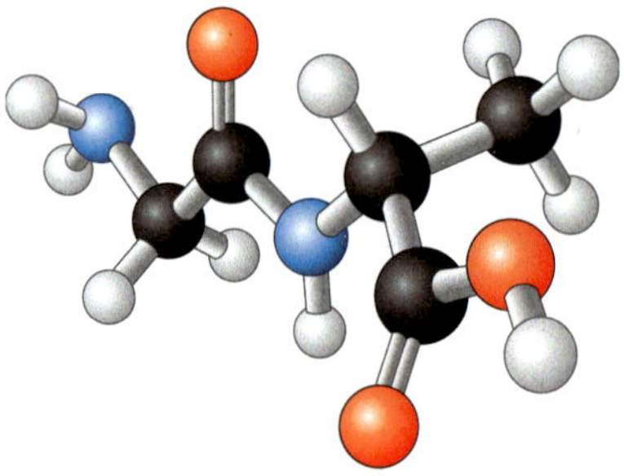

1 Molekülmodell eines Dipeptids aus Glycin und Alanin

Mögliche Tripeptide aus Glycin (Gly) und Alanin (Ala) ($2^3 = 8$ Möglichkeiten)

| | |
|---|---|
| Gly-Gly-Gly | Gly-Gly-Ala |
| Gly-Ala-Gly | Ala-Gly-Gly |
| Ala-Ala-Ala | Ala-Ala-Gly |
| Ala-Gly-Ala | Gly-Ala-Ala |

Für ein Peptid aus 3 verschiedenen Aminosäuren bei einer Peptidlänge von 10 Aminosäuren ergeben sich $3^{10} = 59\,049$ Möglichkeiten.

2 Vielzahl der Kombinationen

3 Nahrungsmittel mit hohem Eiweißanteil

**Peptide und Polypeptide** Bei der Bildung von Peptiden wird Wasser in einer Kondensationsreaktion abgespalten. Reagieren zwei Aminosäuren miteinander, entstehen **Dipeptide**. Ein Dipeptidmolekül besitzt immer noch mindestens eine Carboxyl- und eine Aminogruppe. Es kann deswegen mit weiteren Aminosäuren reagieren, sodass längere Peptidketten entstehen. Bei der Reaktion von drei Aminosäuren entstehen **Tripeptide**. Bei Reaktionen von bis zu zehn Aminosäuren werden die entstehenden Produkte Oligopeptide genannt. Moleküle mit bis zu 100 Aminosäurerestmolekülen werden als **Polypeptide** bezeichnet. Sie gehören zu den makromolekularen Stoffen (griech. *makros:* groß).
Alle Peptide besitzen in ihren Molekülen als wichtiges Strukturmerkmal **–CO–NH-Gruppen**. Diese werden als **Peptidgruppen** oder als **Peptidbindungen** bezeichnet.

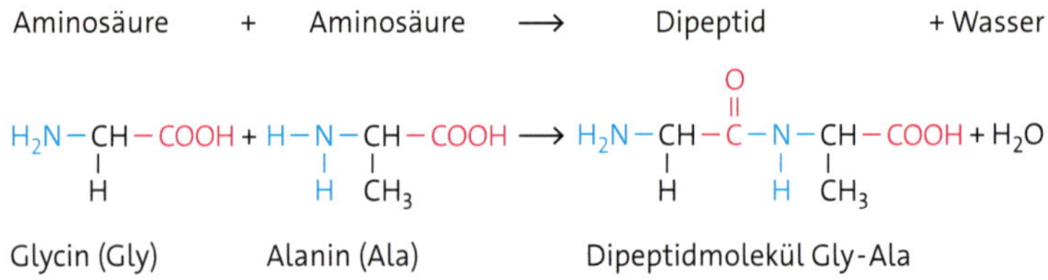


**Aminosäuremoleküle reagieren unter Bildung von Wassermolekülen zu Peptidmolekülen.**

**Bau von Eiweißen – Abbau von Eiweißen** Eiweiße sind makromolekulare Stoffe, die aus Polypeptidmolekülen bestehen. In jedem Polypeptidmolekül sind teilweise mehr als 100 Aminosäuremolekülreste durch die Peptidgruppe miteinander verbunden. Die Verknüpfungsmöglichkeiten bei 100 Aminosäuremolekülresten von 22 verschiedenen Aminosäuren im Polypeptidmolekül ergeben $22^{100}$ mögliche Strukturen, eine unvorstellbare Anzahl. Im menschlichen Organismus finden sich über 100 000 verschiedene Eiweiße.
Eiweiße werden im Verdauungssystem bei Einwirkung von Enzymen (z. B. Pepsin) und Salzsäure unter Wasseraufnahme gespalten. Diese als Hydrolyse bezeichnete Reaktion ist die Umkehrung der Kondensation. Die beim Abbau der Eiweiße im Organismus entstehenden Spaltprodukte, Peptide und Aminosäuren, lassen sich an viele Stellen im Körper transportieren, wo sie zu körpereigenen Eiweißen auf- und umgebaut werden.

$$\text{Eiweiße} \xrightleftharpoons{+\text{ Enzyme, } H_2O} \text{Peptide} \xrightleftharpoons{+\text{ Enzyme, } H_2O} \text{Aminosäuren}$$

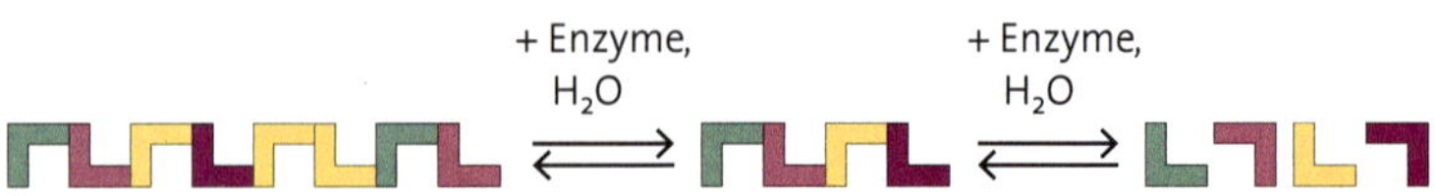


**Eiweiße bestehen aus langen Molekülketten, die aus sehr vielen durch die Peptidgruppe verbundenen Aminosäuremolekülen aufgebaut sind.**

**Nachweis von Eiweißen** Werden Eiweiße stark erhitzt, entstehen Dämpfe, die feuchtes Universalindikatorpapier blau und feuchtes Blei(II)-acetatpapier schwarz werden lassen. Die Blaufärbung des feuchten Universalindikatorpapiers weist Stickstoff als Ammoniak nach. Die Schwarzfärbung des feuchten Blei(II)-acetatpapiers ist ein Nachweis für Schwefel als Schwefelwasserstoff (▸ Exp. 25).
Eiweiße reagieren mit konzentrierter Salpetersäure unter Gelbfärbung. Diese als **Xanthoproteinreaktion** bezeichnete Reaktion dient dem Nachweis von Eiweißen (▸ Exp. 20, S. 41).
Mit Kupfersulfat- und Natriumhydroxidlösung reagieren Eiweiße unter Violettfärbung. Alle Stoffe mit Peptidgruppen reagieren auf diese Weise. Dieser Nachweis für Peptidgruppen in Peptiden und in Eiweißen wird als **Biuretreaktion** bezeichnet (Exp. 20, S. 41; ▸ **4**).

**Eiweiß und Nahrung** Der menschliche Körper setzt bei Stoffwechselreaktionen täglich etwa 300 g an Eiweißen um. Dabei werden Eiweiße bei Wachstumsvorgängen zum Aufbau neuer Zellen, z. B. beim Haarwachstum, benötigt. Defekte Zellen, z. B. Hautzellen, werden aber auch regelmäßig abgebaut.
Im menschlichen Körper beträgt der Anteil an Eiweißen im Muskelgewebe etwa 18 %, im Blut etwa 21 %, in Knochen 28 %, in der Haut etwa 95 % sowie in Haaren und Fingernägeln etwa 90 bis 100 %.
Zur Deckung des Eiweißbedarfs reichen die Spaltprodukte des Eiweißabbaus jedoch nicht aus. Eiweiß muss täglich mit der Nahrung aufgenommen werden, da dieses im Gegensatz zu den Fetten und Kohlenhydraten nicht vom menschlichen Körper gespeichert werden kann.

Eiweißmangel kann über einen längeren Zeitraum zu lebensbedrohlichen Erkrankungen führen. Deshalb benötigen Erwachsene täglich etwa 50 bis 60 g Eiweiß über die Nahrung, das entspricht einem Richtwert von 0,8 g Eiweiß je Kilogramm Körpergewicht für einen gesunden Menschen. Kinder und Jugendliche haben wegen des Wachstums und des damit verbundenen Aufbaus an Körpersubstanz einen Bedarf von 1,2 bis 2,0 g Eiweiß je Kilogramm Körpergewicht.

**Exp. 25 | L** **Nachweis von Stickstoff und Schwefel in Eiweißen**

In einem Reagenzglas wird Eiweiß (Hühnereiweiß, Haare, Federn, Fingernägel) stark erhitzt. Über die Dämpfe (GHS06) werden feuchtes Universalindikatorpapier und feuchtes Blei(II)-acetatpapier gehalten.

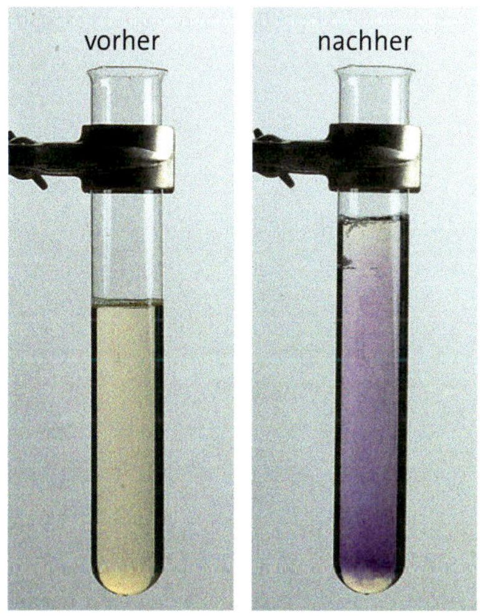


**4** Biuretreaktion: Nach Zugabe der blauen Kupfer(II)-sulfatlösung färbt sich die Lösung violett.

## Aufgaben

**1** Formuliere eine Reaktionsgleichung für die Darstellung eines Tripeptidmoleküls aus Glycin, Alanin und Serin.

**2** Vergleiche die Peptidbildungs- mit der Esterbildungsreaktion und nenne Strukturmerkmale, die ein Peptid bzw. einen Ester kennzeichnen.

**3** Um verschiedene Lebensmittel miteinander vergleichen zu können, wurde der Begriff „biologische Wertigkeit“ eingeführt. Informiere dich im Internet oder in anderen Informationsquellen, was darunter zu verstehen ist.

**4** Ein hart gekochtes Ei kann vom Körper im Stoffwechsel leichter abgebaut werden als ein rohes Hühnerei. Versuche dafür mögliche Erklärungen zu finden und überprüfe diese durch Literaturrecherchen.

**5** Regelmäßiger Konsum von Alkohol schränkt die Leistungen des Gehirns ein. Erkläre.

**6** Bei Stoffwechselvorgängen im menschlichen Körper werden Eiweiße auf- und abgebaut. Erläutere am Beispiel von Bildung und Abbau eines Eiweißes die Begriffe Kondensation und Hydrolyse.

# Lebensmittelzusatzstoffe

**Lebensmittel enthalten eine Vielzahl von Stoffen, denn sie sollen nicht nur sättigen. Sie sollen auch appetitanregend aussehen, gut riechen, möglichst lange haltbar sein und sie sollen vor allem gut schmecken.**

**1** Erst ein Blick auf die Etiketten verrät, was in den Lebensmitteln ist.

### Info

Nach dem Lebensmittelrecht (EU-Basis-Verordnung, 2002) sind Lebensmittel „alle Stoffe, die dazu bestimmt sind, in unverändertem oder zubereitetem oder verarbeitetem Zustand von Menschen gegessen, gekaut und getrunken zu werden", soweit es nicht Arzneimittel sind. Lebensmittel werden in pflanzliche und tierische Lebensmittel unterteilt. Sie werden roh oder verarbeitet gegessen.

**Lebenmittelkennzeichnung** In den Lebensmitteln sind Nährstoffe wie Eiweiße, Zucker und Fette enthalten, die mengenmäßig den größten Anteil einnehmen, sowie Wasser und weitere lebensnotwendige Stoffe wie Vitamine, Mineralstoffe, Ballaststoffe, Geruchs- und Geschmacksstoffe. Bei der Verarbeitung der Lebensmittel gelangen außerdem noch Zusatzstoffe, z. B. Konservierungsstoffe, Aromastoffe, Emulgatoren oder Farbstoffe, in die Nahrung. Zur Kennzeichnung der vielfältigen Zusatzstoffe benutzt die Lebensmittelindustrie E-Nummern (▸**2**).
Obwohl die Zulassung von Zusatzstoffen in Lebensmitteln über das Lebensmittelrecht geregelt und kontrolliert wird, gibt es in der Öffentlichkeit dazu ganz unterschiedliche Meinungen. So wird z. B. behauptet, dass Zusatzstoffe krank machen oder pseudoallergische Reaktionen hervorrufen können. Entspricht das der Wahrheit?
Sind unsere Lebensmittel zu einem Gesundheitsrisiko geworden oder ist das alles nur das berühmte „Haar in der Suppe"?

| Verwendung | Kennzeichnung |
|---|---|
| Farbstoffe | ab E 100 |
| Konservierungsstoffe | ab E 200 |
| Antioxidationsmittel | ab E 300 |
| Säuerungsmittel | ab E 325 |
| Gelier-, Verdickungs- und Feuchthaltemittel | ab E 400 |
| Emulgatoren | ab E 450 |
| versch. Zusatzstoffe | ab E 500 |
| Geschmacksverstärker | ab E 620 |
| Süßstoffe | ab E 950 |

**2** Einteilung der Zusatzstoffe

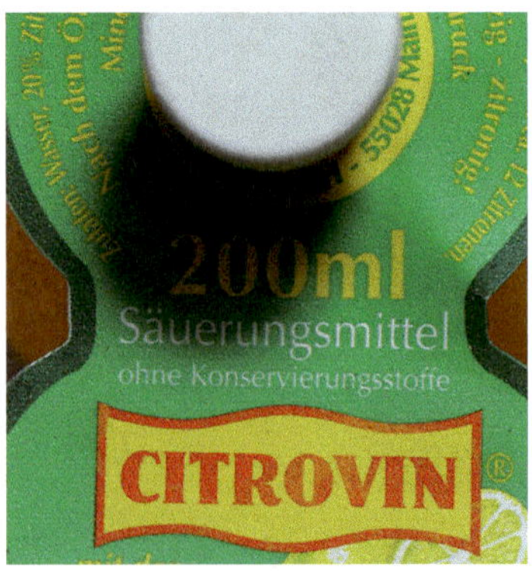


**3** Citronensäure als Säuerungsmittel

**4** Geschmacksverstärker in Chips

**Exp. 26 Wirkung von Sorbinsäure auf Lebensmittel**

*Vorsicht!* Gib so viel Sorbinsäure (GHS07) in Wasser und erwärme, bis eine klare Lösung entsteht. Tränke damit die Hälfte einer Weißbrotscheibe. Lege diese in eine Petrischale, in der sich etwas Wasser befindet. Beobachte einige Tage. Fertige ein Protokoll an. Leite Schlussfolgerungen über den Zusatz von Sorbinsäure in Lebensmitteln ab.
*Entsorgung:* Feststoffe in den Hausmüll, Lösungen in den Behälter für saure und alkalische Abfälle geben.

**Exp. 27 Wirkung von Vitamin C auf Lebensmittel**

Reibe einen Apfel zu Mus, verteile es auf zwei Uhrglasschalen. Vermische eine der Proben sofort mit etwa zwei Messerspitzen Vitamin C (Ascorbinsäure). Wiederhole das Experiment mit einer Kartoffel. Beurteile die Proben nach 20 bis 30 min. Ermittle die E-Nummer für Ascorbinsäure, nenne Funktionen, die sie in Lebensmitteln erfüllen kann.
*Entsorgung:* Stoffe in den Hausmüll geben.

**Einsatz von Lebensmittelzusatzstoffen** Bekanntlich verderben naturbelassene frische Lebensmittel schnell und müssen deshalb in kurzer Zeit konsumiert werden. Die Lebensmittelversorgung und die Ernährungsformen haben sich in den letzten Jahrzehnten stark verändert, was u. a. auch auf die Entwicklung und den Einsatz von Lebensmittelzusatzstoffen zurückzuführen ist. Weltweit, aber auch in der EU nimmt die Zahl der zugelassenen Zusatzstoffe weiter zu. Stoffe, die den Geschmack verstärken sollen, stehen dabei an erster Stelle (▸**4**, **6**).
**Farbstoffe** geben den Lebensmitteln eine bestimmte Farbe. Margarine ist weißlich. Durch Zusatz von β-Carotin (E 160) wird sie gelblich eingefärbt. Zuckercouleur, der synthetische Farbstoff Ammoniumsulfit (E 150d), gibt dem Colagetränk seine typische Farbe (▸**5**).
**Konservierungsstoffe** und **Antioxidationsmittel** sollen Nahrungsmittel haltbar machen und sie lange vor dem Verderben schützen. Hierzu gehören organische Säuren und Salze, z. B. Sorbinsäure (E 200) in Fruchtsäften, Süßwaren, Salatsoßen oder Kaliumsorbat (E 202) in Marmelade. Natriumnitrit (E 250) und Natriumnitrat (E 251) finden sich häufig in Wurst, Fisch und Käse.
**Emulgatoren** sind oft Ester, die durch ihre grenzflächenaktive Wirkung eine dauerhafte Durchmischung von nicht mischbaren Flüssigkeiten ermöglichen. Polyglycerinester (E 475) ist z. B. ein Stoff, der u. a. für Back- und Süßwaren, Kaugummi und Desserts zugelassen ist. Bei der Schokoladenherstellung verbindet er die Fett- mit der Wasserphase.
**Süßstoffe** wie Cyclamat (E 952) und Saccharin (E 954) ersetzen den Haushaltszucker. Sie sind für Diabetiker geeignet, stehen aber im Verdacht, krebserregend zu sein.

**5** Colagetränke enthalten den Farbstoff Zuckercouleur.

**Zutaten für ein Kasseler-Kotelett mit Knochen:**
Schweinefleisch mit Knochen, Nitritpökelsalze (Iodsalz, Konservierungsstoff E 250), Würze, Glucosesirup, Antioxidationsmittel E 301, Gewürzaroma, Geschmacksverstärker E 621, Sellerie, Rauch

**6** Abgepackte Fleischwaren enthalten meistens verschiedene Zusatzstoffe.

## Aufgaben

**1** Ermittle von drei selbst gewählten Lebensmitteln anhand der Etiketten, welche Stoffe sie enthalten. Stelle die Ergebnisse tabellarisch zusammen. Kennzeichne die enthaltenen Zusatzstoffe.

**2** Beschreibe die Funktionen folgender Zusatzstoffe: Verdickungs- und Geliermittel; Säuerungsmittel und Geschmacksverstärker. Nenne Beispiele.

**3** Erläutere den Begriff Aromastoffe. Nenne drei Beispiele und gib ihre Verwendung an.

**4** Diskutiert in Gruppen die unterschiedlichen Meinungen, die es über die Zusatzstoffe gibt. Fasst eure Diskussionsergebnisse anschaulich zusammen, z. B. in einem Poster.

# Gesunde Ernährung

**1** Auch das Auge isst mit.

**Essen – Lebensnotwendigkeit und Kultur** Der Mensch ist auf eine regelmäßige Zufuhr von Nahrung angewiesen, wenn er gesund und leistungsfähig bleiben will. Mit Hunger und Durst meldet der Körper seinen Nahrungsbedarf an. Unsere Ernährung dient der Zufuhr von Baustoffen für den Aufbau und die Erhaltung des Körpers, der Energiegewinnung für alle lebenserhaltenden Funktionen und Stoffwechselprozesse sowie für die geistige und körperliche Arbeit.
„Zu viel, zu fett, zu süß“, so charakterisiert die Deutsche Gesellschaft für Ernährung die Essgewohnheiten der Deutschen. Gleichzeitig wird auf eine nicht ausreichende Versorgung mit Vitaminen und Mineralstoffen hingewiesen. Auch die Ballaststoffaufnahme ist mit ca. 12 g pro Tag gemessen an einem Bedarf von ca. 30 g viel zu niedrig.

**Info 1**

### Essen – ein Vergnügen?

In unserer schnelllebigen Zeit nehmen sich zunehmend mehr Menschen immer weniger Zeit für das Essen. Für viele muss Essen vor allem schnell ablaufen und bequem sein. Essgewohnheiten werden aber wie viele Verhaltensweisen anerzogen. Ernährungsfehlverhalten kann eine Ursache von Krankheiten sein, z. B. Übergewicht, Verstopfung, Bluthochdruck und Fettstoffwechselstörung.

Häufige Fehler bei der Aufnahme der Nahrung:
- es wird zu hastig gegessen
- zu unkontrolliert
- zu unregelmäßig
- statt fünf Mahlzeiten werden drei eingenommen, mit meist zu großen Portionen

Mehr Lust auf Essen durch:
- einen abwechslungsreichen Speiseplan
- gemeinsames Planen und Kochen von Mahlzeiten
- Einräumen von genügend Zeit zum Essen in einer angenehmen Atmosphäre

**3** Pommes frites – ein Ernährungstrend

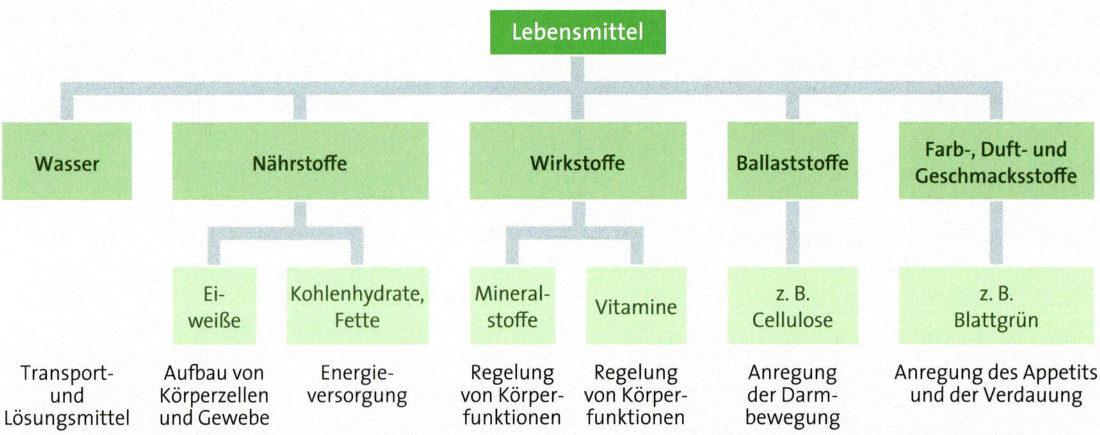


**2** Inhaltsstoffe der Nahrung

**Nährstoffgehalt** Eine ausgewogene Ernährung sollte Eiweiße, Fette und Kohlenhydrate sowie Mineralstoffe und Vitamine im angemessenen Verhältnis enthalten. Lebensmittel wie Milch und Milchprodukte, Fett, Brot und Teigwaren oder Kartoffeln haben einen hohen Nährstoffgehalt. Mit ihnen kann der Minimalbedarf an Eiweiß, Fetten, Kohlenhydraten, Vitaminen und Mineralstoffen bei normalen Verzehrmengen bereits gedeckt werden. Zur Ergänzung dienen Obst und Gemüse. Sie liefern zusätzlich Mineralstoffe und Vitamine bei geringem Energiegehalt und die für die Verdauungstätigkeit notwendigen Ballaststoffe. Tierisches Eiweiß in Form von Fleisch, Fleischwaren, Fisch und Eiern rundet die Zusammenstellung der Nahrung ab.

**„Richtig" essen fällt oft schwer** Viele Essgewohnheiten haben sich von klein auf „eingeschliffen": Zu welcher Zeit wir essen, was wir essen, was wir nicht essen oder wie man eine Speise zubereitet.
Aus dem Modell der Lebensmittelpyramide lässt sich die Bedeutung der verschiedenen Lebensmittelgruppen für die tägliche Ernährung ableiten.

**4** Ernährungspyramide

**5** Frisch gepresste Fruchtsäfte – reich an Vitaminen und Mineralstoffen

**In der Pyramide sind die Lebensmittel auf sechs Ebenen verteilt** Die Basis der Pyramide bilden die Getränke, denn auf eine ausreichende Flüssigkeitsaufnahme ist der Körper besonders angewiesen. An zweiter und dritter Stelle folgen alle pflanzlichen Lebensmittel, also Getreide und Getreideprodukte, Kartoffeln, Gemüse und Obst. Tierische Lebensmittel wie Milch, Milchprodukte, Fisch, Fleisch und Wurstwaren sind an vierter Stelle platziert. Sie sollten maßvoll verzehrt werden. Sparsamer Einsatz ist für Fette und Öle angeraten. Süßigkeiten, Snacks und Alkohol finden sich in der Pyramidenspitze wieder (▸**4**).

**Info 2**

**Brot – wichtigstes Getreideprodukt**

Brot ist seit etwa 3000 Jahren bekannt. Aufgrund eines kleinen Missgeschicks gelang einer ägyptischen Hausfrau (etwa 800 Jahre v. Chr.) die Erfindung. Der Brei war sauer geworden. Anstatt ihn wegzuwerfen, probierte die Hausfrau etwas aus: Sie stellte den Topf aufs Feuer und bemerkte, dass der saure Brei locker wurde: Ein Fladen war entstanden.

## Aufgaben

**1** Fertige eine Übersicht mit Lebensmitteln an, die besonders nährstoff-, wirkstoff- und ballaststoffreich sind.

**2** Entwickle ein Poster mit Tipps für eine gesunde Ernährung.

**3** Das Normalgewicht wird heute nach dem Body-Mass-Index bestimmt. Was ist darunter zu verstehen? Überprüfe dein Gewicht nach dem BMI.

**4** Vergleiche Vollkornbrote mit Weizenweißbroten. Nenne für jede Brotsorte je drei Beispiele.

**Energiegehalt der Nährstoffe** Im Körper wird durch Abbau der Inhaltsstoffe der Energiegehalt der Nährstoffe nutzbar gemacht. Die in den Nährstoffen enthaltene Energie wird zur Verrichtung mechanischer Arbeit, zur Aufrechterhaltung der Funktionen von Leber und Gehirn, der Verdauungstätigkeit, zur Regulation der Körpertemperatur und für die Synthese körpereigener Stoffe verwendet.
Die in den Nährstoffen enthaltene chemische Energie wird also in mechanische Energie, Wärme oder wieder in chemische Energie umgewandelt. Von den Nährstoffen hat Fett den höchsten Wert. Der Energiegehalt der Nährstoffe wird in Kilojoule (kJ) gemessen.

**Energiebedarf** Unser Körper braucht ständig Energie, beispielsweise zum Atmen, für das Wachstum und für andere Körperfunktionen.
Die Energie, die ein Mensch nüchtern, bei völliger Ruhe, im Liegen und bei 20 °C Umgebungstemperatur zur Erhaltung der Körperfunktionen benötigt, ist der **Grundumsatz**. Er ist vor allem vom Alter, vom Geschlecht, von der Größe und vom Gewicht des Menschen abhängig (▸**2**).
Es gilt: Grundumsatz pro Stunde = 4 kJ je Kilogramm Körpergewicht. Bei der Arbeit, beim Sport, aber auch bei der Verdauung steigt der Energiebedarf an. Die Energie, die ein Mensch für zusätzliche Leistungen über den Grundumsatz hinaus benötigt, wird als **Leistungsumsatz** bezeichnet. Er ist von der Art und Dauer der Tätigkeit abhängig.
Der **Gesamtenergiebedarf** eines Menschen ergibt sich aus dem Grundumsatz und dem Leistungsumsatz.

**Info 3** **Gesamtenergiebedarf**

Die tägliche Grundnährstoffzufuhr errechnet sich aus dem Gesamtenergiebedarf. Folgende prozentuale Grundnährstoffzufuhr wird empfohlen:

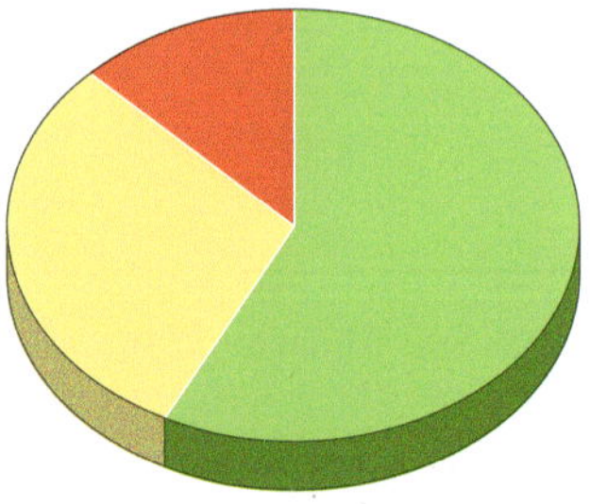


| Nährstoffe | Energiegehalt |
|---|---|
| 1 g Fett | 39 kJ |
| 1 g Eiweiß | 17 kJ |
| 1 g Kohlenhydrate | 17 kJ |

**1** Energiegehalt der Grundnährstoffe

| Organ | Anteil am Grundumsatz |
|---|---|
| Gehirn | 25 % |
| Magen-Darm-Trakt, Leber, Niere | 35 % |
| Skelettmuskeln | 20 % |
| Herz | 6 % |
| Rest | 14 % |

**2** Grundumsatz – Anteile der benötigten Energie für einzelne Organe

**Exp. 1** **Ballaststoffe**

Gib etwa 1 cm hoch Weizenkleie und 300 ml Wasser in ein Becherglas. Füge etwas Tinte hinzu und rühre alles gut um. Lass danach das Gemisch 30 min stehen. Filtriere es anschließend.
Wiederhole das Experiment mit Kirschsaft.
Überlege, welche Wirkung Ballaststoffe auf Farbstoffe haben.
*Entsorgung:* Feststoffe in den Hausmüll, Flüssigkeiten ins Abwasser geben.

**Exp. 2** **Wirkung von Speichel beim Stärkeabbau**

Gib in zwei Reagenzgläser Stärkelösung. Vermische diese in einem der Gläser mit reichlich Speichel. Erwärme dann beide Reagenzgläser 20 min bei 40 °C im Wasserbad. Anschließend ist mit Fehling'scher Lösung (GHS05|07) zu prüfen.
Notiere deine Beobachtungen. Deute das Ergebnis. Leite Schlussfolgerungen für deine Essgewohnheiten ab.
*Entsorgung:* Reaktionsgemische mit Niederschlägen dekantieren, Flüssigkeiten ins Abwasser, Niederschläge in Behälter für halogenfreie organische Abfälle geben.

**Exp. 3** **Untersuchung von rohen und gekochten Kartoffeln**

Schneide eine geschälte rohe Kartoffel in zwei Teile. Zerteile eine Hälfte in kleine Stücke und koche diese 5 min im Becherglas mit Wasser. Zerteile auch die andere Hälfte für verschiedene Untersuchungen.
1. Prüfe mit Iod-Kaliumiodid-Lösung. Verwende auch das Kochwasser.
2. Verwende zur Prüfung aller drei Proben Teststäbchen für Vitamin C.
3. Drücke je ein Stück der rohen und der gekochten Kartoffel fest auf Löschpapier. Lass das Papier trocknen.

Notiere deine Beobachtungen. Vergleiche und deute die Ergebnisse.
*Entsorgung:* Feststoffe in den Hausmüll, Flüssigkeiten ins Abwasser geben.

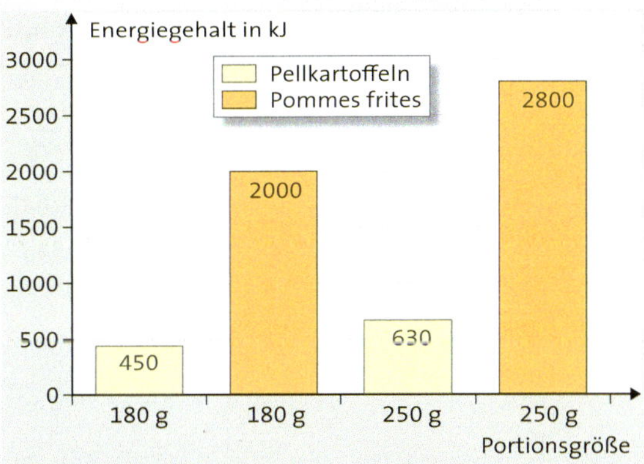


**3** Vergleich verschiedener Portionsgrößen zwischen Pommes frites und Pellkartoffeln

**Exp. 4** **Rolle der Magensäure bei der Eiweißverdauung**

*Vorsicht!* Gib je einen Spatellöffel gekochtes und zerkleinertes Eiklar in drei Reagenzgläser. Füge zur ersten Probe 10 ml 10%ige Salzsäure (GHS07), zur zweiten eine Lösung aus 10 ml Wasser und etwa 10 mg Pepsin und zur dritten Probe eine Lösung aus 10 ml 10%iger Salzsäure (GHS07) und 100 mg Pepsin zu. Erwärme die Reagenzgläser im Wasserbad bei 40 °C 20 min lang. Notiere deine Beobachtungen. Leite Schlussfolgerungen ab, die sich daraus für den Verdauungsvorgang ergeben.
*Entsorgung:* Feststoffe in den Hausmüll, Lösungen verdünnen und ins Abwasser geben.

**Fehlernährung** Durch falsche Ernährungsgewohnheiten und falsche Lebensweise entwickelt sich meist langsam und stetig **Übergewicht**. In Deutschland sind etwa 30 % der Erwachsenen und 10 % der Kinder übergewichtig. Durch Übergewicht werden Knochen und Gelenke stärker beansprucht, was zu Veränderungen an Wirbelsäule, Knien und Füßen führen kann. 77 % der Übergewichtigen leiden an Stoffwechselerkrankungen bzw. Bluthochdruck.

Sowohl das Schlankheitsideal, das die Medien ständig vermitteln, als auch das Angebot an Lebensmitteln unterstützen das Entstehen von Essstörungen wie **Magersucht** und **Bulimie (Ess-Brech-Sucht).** Man schätzt, dass in Deutschland etwa 500 000 Menschen daran erkrankt sind. Bei Essstörungen handelt es sich um eine Unterernährung.

## Aufgaben

**1** Überlege einen experimentellen Nachweis für Fett in Lebensmitteln. Plane die Durchführung mit Quark, Toastbrot, Dressing, Maiskörnern, Äpfeln und Nüssen. Führe die Experimente nach Rücksprache durch und diskutiere die Ergebnisse.

**2** Diabetes mellitus – eine Volkskrankheit? Erstelle ein Informationsblatt zum Thema Diabetes.

**3** Erkunde, welche Lebensmittel aus welchen Getreidearten hergestellt werden. Beurteile den Nährstoffgehalt dieser Getreideerzeugnisse.

**4** Erarbeite mithilfe einer Nährwerttabelle einen Tageskostplan mit mehreren Mahlzeiten für einen 16-jährigen Jugendlichen (Energiebedarf: 12 500 kJ).

**5** Stelle zusammen, was du am vergangenen Tag gegessen hast. Überprüfe, ob damit dein Eiweißbedarf richtig gedeckt wurde.

**6** Informiere dich, was unter „Fast Food“ verstanden wird. Gib Beispiele dafür an.
Macht Fast Food dick? Argumentiere.

Auf einen Blick

# Zusammensetzung unserer Lebensmittel

**Lebensmittel**

enthalten neben den Nährstoffen Kohlenhydrate, Fette und Eiweiße auch Wasser, Mineralstoffe, Vitamine, Ballaststoffe sowie Geruchs- und Geschmacksstoffe.

**Fette**

wasserunlösliche Naturstoffe; Verbindungen aus den Elementen Kohlenstoff, Wasserstoff und Sauerstoff
Grundbausteine: Moleküle von Glycerin und Fettsäuren

| Formel eines Fettmoleküls | Molekülreste der enthaltenen Fettsäuren |
| --- | --- |
| $CH_2-O-OC-C_{17}H_{33}$ | Ölsäuremolekülrest |
| $CH-O-OC-C_{17}H_{35}$ | Stearinsäuremolekülrest |
| $CH_2-O-OC-C_{15}H_{31}$ | Palmitinsäuremolekülrest |

**Kohlenhydrate**

meistens wasserlösliche Naturstoffe; Verbindungen aus den Elementen Kohlenstoff, Wasserstoff und Sauerstoff
Grundbausteine: Moleküle von Monosacchariden

**Strukturformeln von Monosaccharidmolekülen (Ringform)**

α-Glucose

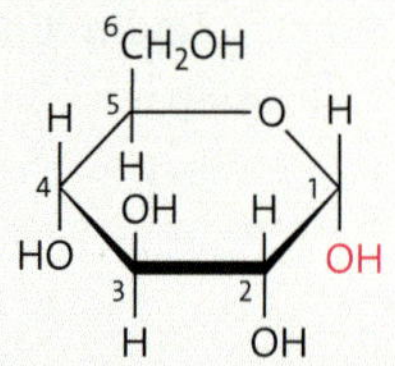

Fructose

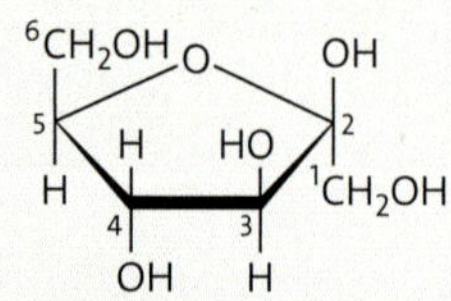

**Eiweiße**

hitze- und chemikalienempfindliche Naturstoffe; Verbindungen aus den Elementen Kohlenstoff, Wasserstoff, Sauerstoff, Stickstoff, teilweise auch Schwefel
Grundbausteine: Aminosäuren mit mindestens einer Carboxyl- und einer Aminogruppe im Molekül

**Strukturformeln von Aminosäuremolekülen**

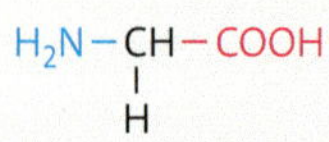

Glycin (Gly)

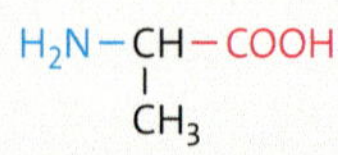

Alanin (Ala)

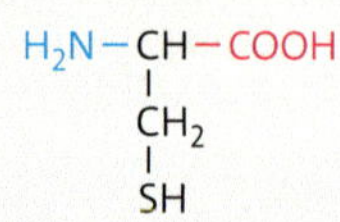

Cystein (Cys)

**Nährstoffe im Stoffwechsel**

| Fette | Kohlenhydrate | Eiweiße |
| --- | --- | --- |
| ↓ | ↓ | ↓ |
| Abbau durch Hydrolyse unter Einwirkung von Enzymen bis zu Grundbausteinen, die vom Körper aufgenommen werden können | | |
| ⇓ | ⇓ | ⇓ |
| Glycerin, Fettsäuren | Monosaccharide | Aminosäuren |
| ⇓ | ⇓ | ⇓ |
| Vorwiegend Oxidation zur Energiegewinnung sowie zum Aufbau körpereigener Stoffe | | Vorwiegend Aufbau von körpereigenem Eiweiß |

# Aufgaben

**1** Fette sind Stoffgemische aus natürlichen Estern.
- **a** Gib wichtige Eigenschaften von Fetten an. Entwickle die Wortgleichungen für die Bildung und für den Abbau von Fetten.
- **b** Beschreibe den Unterschied zwischen gesättigten und ungesättigten Fettsäuren.
- **c** In der Werbung wird häufig auf essenzielle Fettsäuren in Nahrungsmitteln hingewiesen. Erläutere, was man darunter versteht. Nenne eine essenzielle Fettsäure.

**2** Beim Braten mit Öl fängt es in der Pfanne an zu brennen. Erläutere, wie man brennendes Fett löschen kann und womit auf keinen Fall gelöscht werden darf. Begründe deine Erläuterungen.

**3** Ob Früchte Fett enthalten, kann mit der Fettfleckprobe geprüft werden.
- **a** Beschreibe diese Nachweismethode.
- **b** Nenne Früchte, die Fett enthalten.
- **c** Begründe, warum von Ernährungswissenschaftlern vorrangig pflanzliche Fette empfohlen werden.

**4** Kohlenhydrate – wichtige Grundnährstoffe
- **a** Mono-, Di- und Polysaccharide gehören zu den Kohlenhydraten. Erläutere die Begriffe.
- **b** Ordne die folgenden Stoffe in einer Übersicht den Kohlenhydraten zu: Fruchtzucker, Cellulose, Rohrzucker, Stärke, Malzzucker, Traubenzucker, Milchzucker.
- **c** Beschreibe, wie nachgewiesen werden kann, dass ein süß schmeckendes Getränk Glucose enthält.
- **d** Benenne die Grundbausteine der Kohlenhydrate und beschreibe ihren Bau.
- **e** Saccharose wird bei der Kohlenhydratverdauung durch Hydrolyse gespalten. Entwickle dafür die Wortgleichung.

**5** Stärke wird im Verdauungssystem zu Glucose abgebaut.
- **a** Erläutere den Stärkeabbau.
- **b** Entwickle für diesen Vorgang eine Wortgleichung.
- **c** Begründe, warum stärkehaltige Lebensmittel besser sättigen als Süßigkeiten.

**6** Stärke – ein Polysaccharid
- **a** Begründe diese Aussage.
- **b** Beschreibe den Bau des Stärkemoleküls.
- **c** Pudding wird beim Kochen fest. Erkläre das Festwerden dieses Stärkeprodukts.

**7** Stärkenachweis
- **a** Nenne das Nachweismittel.
- **b** Entwickle eine Versuchsbeschreibung.

**8** Vergleiche die Bedeutung von Stärke und Cellulose für die Ernährung.

**9** Eiweiße sind am wenigsten zu entbehren.
- **a** Begründe die Notwendigkeit, täglich Eiweißstoffe mit den Lebensmitteln aufzunehmen.
- **b** Beschreibe den Bau von Eiweißen.
- **c** Erläutere den Abbau und Aufbau von Eiweißen im Organismus. Formuliere für diese Prozesse eine Wortgleichung.
- **d** Erläutere anhand eines Beispiels, wie man Eiweiße in Lebensmitteln nachweisen könnte.
- **e** Nenne Beispiele für eiweißreiche Lebensmittel.

**10** Aminosäuren bilden die Grundbausteine der Eiweiße.
- **a** Beschreibe am Beispiel von Glycin die Molekülstruktur von Aminosäuren.
- **b** Entwickle die Reaktionsgleichung für die Bildung eines Dipeptids. Kennzeichne das Strukturmerkmal aller Peptidmoleküle.

**11** Erläutere anhand von zwei Beispielen die Funktion von Lebensmittelzusatzstoffen. Kennzeichne die Zusatzstoffe.

**Hilfe zu den Aufgaben findest du auf den Seiten ...**

| | | | |
|---|---|---|---|
| 1 | 38 f. | 7 | 48 |
| 2 | 38 | 8 | 49 |
| 3 | 38 f. | 9 | 50, 52 f. |
| 4 | 42–45, 48 f. | 10 | 51 f. |
| 5 | 48 f. | 11 | 54 f. |
| 6 | 48 f. | | |

Weitergedacht

## Material A: Schnittblumenfrisch

Beim Kauf von Schnittblumen ist es selbstverständlich, dass ein kleines Päckchen „Schnittblumennahrung“ mitgegeben wird. Die Freude an den Blumen soll durch die Anwendung des Mittels verlängert werden, die Blumen bleiben länger frisch. Außerdem entfällt der tägliche Wasserwechsel, denn nur die verbrauchte Wassermenge ist nachzufüllen. Auf der Verpackung sind die Inhaltsstoffe angegeben.

| | |
|---|---|
| Dextrose | 83 % |
| Citronensäure | 8 % |
| Salze | 1 % |
| Konservierungsstoffe | 8 % |

**A1** Beispiel für die Zusammensetzung einer „Schnittblumennahrung“

| Eigenschaften | Strukturformel |
|---|---|
| fest, farblos, geruchlos<br>Dichte: 1,56 g/cm³ (bei 25 °C)<br>Schmelztemperatur: 146 °C<br>Löslichkeit: gut in Wasser | 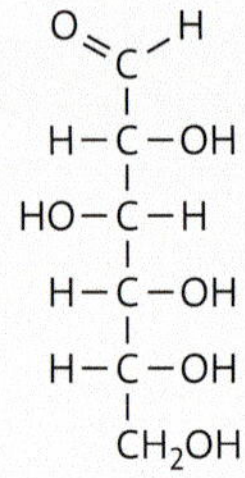 |

**A2** Einige Kennzeichen von Dextrose

**1** Dextrose ist eine ältere Bezeichnung für ein Kohlenhydrat. Benenne dieses Kohlenhydrat und gib die Summenformel an (▸**A2**).

**2** Benenne von den Inhaltsstoffen Dextrose und Citronensäure charakteristische Strukturmerkmale (▸**A1, A2**).

**3** Entwickle einen Vorschlag, wie man experimentell die Inhaltsstoffe Dextrose und Citronensäure nachweisen könnte. Beschreibe die zu erwartenden Beobachtungen.

**4** Finde eine Erklärung, warum das alte Hausmittel „einfach etwas Zucker in das Blumenwasser geben“ nicht ausreicht, um die Blumen länger frisch zu halten (▸**A1**).

## Material B: Grüner Knollenblätterpilz

Der Grüne Knollenblätterpilz gehört zur großen Pilzgattung der Wulstlinge (Amanita), die in unseren Wäldern zu finden sind. Er enthält als tödlich wirkendes Pilzgift Peptidtoxine (Amatoxine), deren Moleküle vor allem sieben oder acht Aminosäuren enthalten.

Das Amatoxin blockiert die Eiweißsynthese, wodurch der gesamte Stoffwechsel zum Erliegen kommt. Für einen erwachsenen Menschen gelten etwa 0,1 mg/kg Körpergewicht als tödliche Dosis. Diese Menge ist in 5 bis 50 g Frischmaterial des Grünen Knollenblätterpilzes enthalten.

**B1** Vorsicht: Tödlich giftige Peptide!

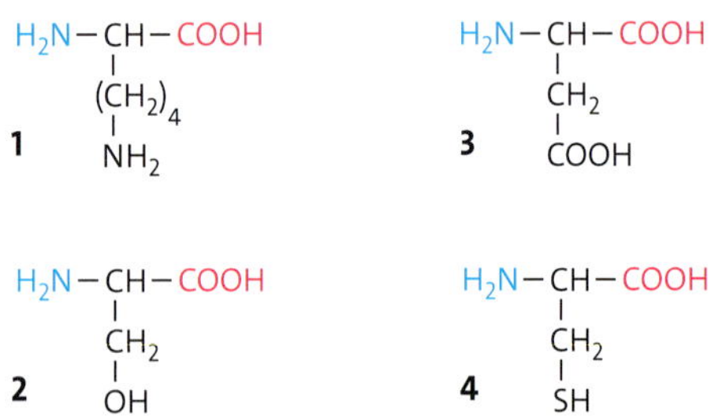

**B2** Strukturformeln von vier Aminosäuren

**1** Berechne die Menge, die beim Verzehr des Grünen Knollenblätterpilzes bezogen auf dein Körpergewicht zum Tod führen kann (▸**B1**).

**2** Gib einen Strukturausschnitt an, in dem die vier Aminosäuren miteinander verbunden sind (▸**B2**).

**3** Kennzeichne das Strukturmerkmal der Polypeptide in dem Strukturausschnitt (▸**B2**).

## Material C: Die Kartoffel – eine tolle Knolle

Die Kartoffel kommt ursprünglich aus Südamerika. Als Zierpflanze wurde sie von Spaniern um 1550 nach Europa gebracht. Den Wert der Kartoffel als Grundnahrungsmittel erkannte man erst im 18. Jahrhundert.
Die Deutsche Gesellschaft für Ernährung (DGE) empfiehlt den täglichen Verzehr von vier bis fünf mittelgroßen Kartoffeln, das sind 250 bis 300 g.

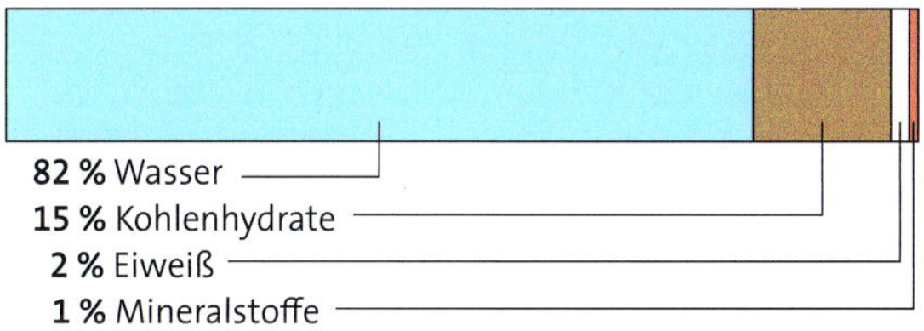


**C1** Speisefrischkartoffeln – Nährstoffgehalt

**1** Begründe die Empfehlung der DGE (▸ **C1**).

**2** Werden Kartoffeln gekocht, bildet sich manchmal ein weißer Schaum.
   **a** Stelle eine Vermutung auf, woraus dieser Schaum bestehen könnte (▸ **C1**).
   **b** Beschreibe eine Möglichkeit, um diese Vermutung experimentell zu überprüfen, und formuliere das zu erwartende Ergebnis.

**3** Bei der Verarbeitung der Kartoffel kann es zu Nährstoffverlusten kommen. Gib dafür Beispiele an (▸ **C1**).

**4** Erläutere, welchen Nährstoff in der Speisekartoffel man mit Iod-Kaliumiodid nachweisen kann. Gib von diesem Nährstoff die allgemeine Summenformel und einen Ausschnitt von der vereinfachten Strukturformel an. Beschreibe den Bau der Moleküle dieses Stoffes (▸ **C1**).

## Material D: Milch oder Molke

Milch ist eine weiße, undurchsichtige Flüssigkeit (Fett-Wasser-Emulsion), die Säuglingen als erste Nahrung dient. Sie enthält alle lebensnotwendigen Nährstoffe, Vitamine und Mineralien.

Molke ist eine wässrige grünlich gelbe Flüssigkeit, die bei der Käseherstellung als Nebenprodukt anfällt. Sie ist fett- und kalorienarm, weist aber einen hohen Gehalt an Vitaminen und Mineralstoffen auf.

**D1** Kurzbeschreibung von Milch und Molke

| Prüfung mit ... | Milch | Molke |
|---|---|---|
| alkalischer Kupfer(II)-sulfat-Lösung (Biuretreaktion) | | |
| konzentrierter Salpetersäure (Xanthoproteinreaktion) | | |

**D2** Gewinnung von Molke und experimentelle Untersuchung von Milch und Molke

**1** Erläutere, was bei der Gerinnung von Milch passiert. Benenne den Vorgang (▸ **D2**).

**2** Formuliere die bei der Durchführung der Biuretreaktion und der Xanthoproteinreaktion mit Milch und Molke zu erwartenden Beobachtungen. Benenne den Nährstoff, der mit diesen Reaktionen nachweisbar ist (▸ **D1, D2**).

**3** Begründe, warum beim Nachweis mit der Fehling-Probe ein ziegelroter Niederschlag zu beobachten ist.

**4** Stelle die wesentlichsten Inhaltsstoffe von Milch und Molke tabellarisch zusammen (▸ **D1, D2**).

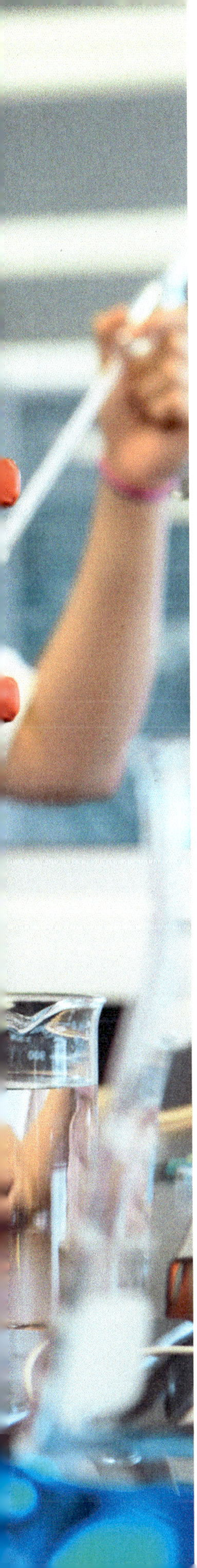

# Den Stoffen analytisch auf der Spur

Durch chemische Analysen können die unterschiedlichsten Stoffe nachgewiesen oder deren Konzentration bestimmt werden. So werden in Umweltlabors Schadstoffbelastungen von Wasser- und Bodenproben eindeutig nachgewiesen. Lebensmittelchemiker ermitteln die Zusammensetzung und eventuelle Schadstoffbelastung von Lebensmitteln, z. B. Salat. Auch Kriminaltechniker verlassen sich nicht auf den Augenschein an Tatorten. Sie identifizieren Spuren wie Lackreste bei Autounfällen durch chemische Reaktionen mit Nachweismitteln.

# Chemische Analytik

**Um die oft schwierige Aufgabe zu lösen, eine Fälschung von einem echten Kunstwerk zu unterscheiden, müssen Kunsthistoriker und Chemiker oft Hand in Hand arbeiten. Mikrochemische Analysen der Farbpigmente ermöglichen z. B. Aussagen darüber, ob die verwendete Farbe zu Lebzeiten des (angeblichen) Künstlers schon bekannt war.**

**1** Untersuchung eines Gemäldes in der Dresdner Gemäldegalerie

**Qualitative und quantitative Analytik** Eine Analyse ist eine systematische Untersuchung, bei der das Objekt in einzelne Bestandteile zerlegt wird. Chemisch bedeutet dies, in einer unbekannten Stoffprobe (meist handelt es sich um ein Stoffgemisch) das Vorhandensein bestimmter Ionen, Atome oder Moleküle nachzuweisen. Stellt man sich die Frage „Was ist in einer unbekannten Probe enthalten?“, nennt man dies **qualitative Analyse**, die Frage „Wie viel einer bestimmten Substanz ist in einer Probe enthalten?“ beantwortet die **quantitative Analyse**.

**Vielfalt der Stoffe – Erkennen an ihren Eigenschaften** Stoffe sind an charakteristischen Eigenschaften zu erkennen und von anderen Stoffen zu unterscheiden. Einzelne Stoffe weisen sich schon durch ihr Aussehen bzw. durch mit den Sinnen wahrnehmbare Eigenschaften aus. Gleichen sich Stoffe in diesen Eigenschaften, so können z. B. Schmelz- und Siedetemperaturen helfen, Stoffe weiter zu unterscheiden. Die Mehrzahl der Stoffe zeigt ein charakteristisches Verhalten gegenüber anderen Stoffen. Das bedeutet, erst chemische Reaktionen und weitere physikalisch-chemische Untersuchungen ermöglichen das eindeutige Identifizieren dieser Stoffe.

| Ermitteln von Eigenschaften | Beispiele einiger Eigenschaften |
|---|---|
| mit den Sinnesorganen unmittelbar festzustellende Eigenschaften | Aggregatzustand, Farbe, Geruch, Oberflächenbeschaffenheit |
| mithilfe von Messgeräten festzustellende Eigenschaften | Dichte, Siedetemperatur, elektrische Leitfähigkeit |
| im Verhalten gegenüber anderen Stoffen auftretende Eigenschaften | Brennbarkeit, Verhalten gegenüber einem Indikator oder Nachweisreagenz |

**2** Wege zum Ermitteln wesentlicher Stoffeigenschaften

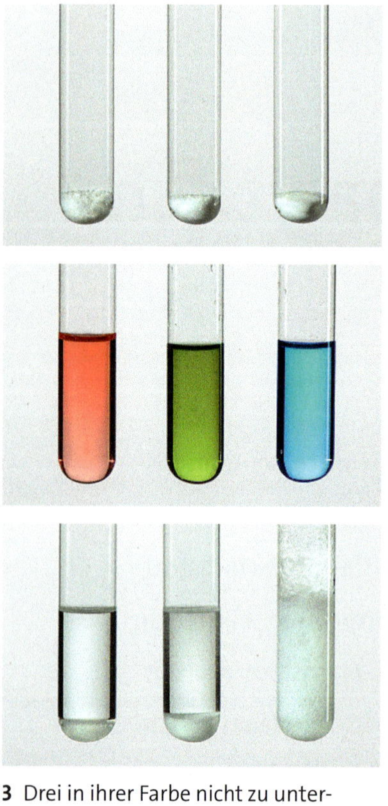

**3** Drei in ihrer Farbe nicht zu unterscheidende Salze zeigen sowohl verschiedene Reaktionen gegenüber einem Säure-Base-Indikator als auch unterschiedliches Verhalten bei Zugabe einer sauren Lösung (von oben nach unten).

**Molekülsubstanzen, Ionensubstanzen und Metalle** Die Bezeichnung Molekül- bzw. Ionensubstanz ergibt sich aus den die Stoffe aufbauenden Teilchen: den Molekülen bzw. den Ionen. Aus Atomen bestehen – neben den Edelgasen – nur die Metalle als dritte Stoffgruppe. Die Art der Teilchen, die einen Stoff aufbauen, bestimmt die Eigenschaften dieses Stoffes, z. B. Schmelz- und Siedetemperatur, elektrische Leitfähigkeit, Farbigkeit und Verformbarkeit. Somit ist eine erste Unterscheidung von Stoffen möglich (► S. 68 f.).

**Nachweis einiger gasförmiger Molekülsubstanzen** Sauerstoff, Stickstoff und Kohlenstoffdioxid als Bestandteile des homogenen Stoffgemischs Luft können an charakteristischen Eigenschaften unterschieden werden. Auch Stickstoff und Kohlenstoffdioxid, die beide eine die Flamme erstickende Wirkung haben, weisen noch andere die Gase unterscheidende Eigenschaften auf (► **4**).

| Gas | Nachweismittel | Beobachtung |
|---|---|---|
| Sauerstoff | glimmender Holzspan | Holzspan entzündet sich |
| Stickstoff | brennender Holzspan | Flamme erlischt |
| Wasserstoff | brennender Holzspan | brennt mit hellblauer Flamme; im Gemisch mit Luft: Verpuffung |
| Kohlenstoff-dioxid | Calciumhydroxidlösung (Kalkwasser) | weißer Niederschlag |

**4** Nachweis einiger Gase

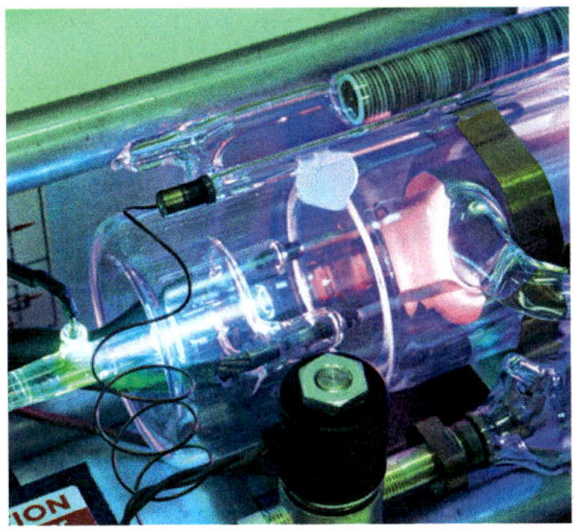


**6** Das Gas im Argonlaser besteht aus einzelnen Argonatomen.

## Aufgabe

**1** Beschreibe je zwei Möglichkeiten, um die folgenden Stoffe voneinander zu unterscheiden:
- **a** Kochsalz und Rübenzucker
- **b** Ethanol und Ethansäure
- **c** Sauerstoff und Wasserstoff
- **d** Magnesium und Kupfer

| Stoffklasse | Metalle | Ionensubstanzen | Molekülsubstanzen |
|---|---|---|---|
| **Struktur der Stoffe** – Teilchenmodell | 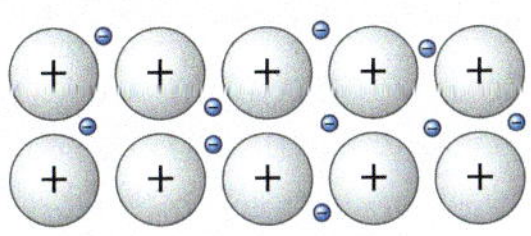 | 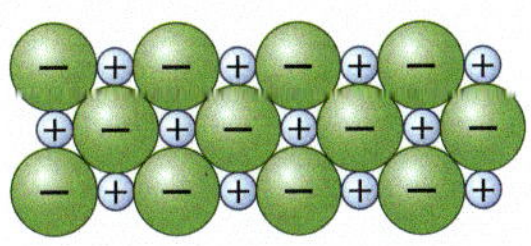 | 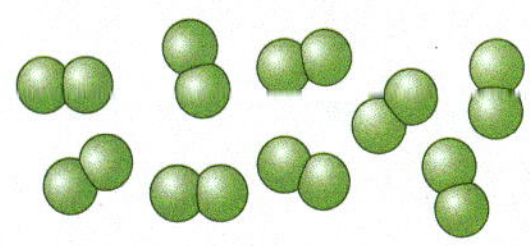 |
| – Teilchen | Metall-Ionen, Elektronen | positiv und negativ elektrisch geladene Ionen | Moleküle |
| – chemische Bindung | Metallbindung | Ionenbindung | Atombindung in Molekülen, zwischen den Molekülen schwache Anziehungskräfte |
| **Eigenschaften der Stoffe** – Schmelz- und Siedetemperatur | meist hoch | hoch | relativ niedrig |
| – elektrische Leitfähigkeit | sehr gut | keine (in Lösung gut) | keine |
| – Festigkeit | hoch | hoch | gering |
| – Verformbarkeit der festen Stoffe | sehr gut | spröde | spröde, weich |
| **Beispiele** | Eisen, Kupfer, Silber, Natrium | Natriumchlorid, Magnesiumoxid, Natriumhydroxid | Sauerstoff, Schwefel, Ethanol, Zucker |

**5** Zusammenhang zwischen Struktur und Eigenschaften von Stoffen

# Qualitative analytische Untersuchungen

## Exp. 1 Untersuchung der Flammenfärbung von Metall-Ionen

**A** Tauche ein Magnesiastäbchen in konzentrierte Salzsäure (GHS05|07) und halte es so lange in die Brennerflamme, bis diese nicht mehr leuchtet. Halte das ausgeglühte Magnesiastäbchen erst in eine Probe von Lithiumchlorid (GHS07), dann in die nicht leuchtende Brennerflamme. Wiederhole das Experiment mit Natriumchlorid, Kaliumchlorid, Calciumchlorid (GHS07) und Strontiumchlorid (GHS07). Nach jeder Probe muss das Magnesiastäbchen sorgfältig gereinigt werden. Notiere deine Beobachtungen.

**B** Untersuche entsprechend dieser Vorgehensweise, um welches Metallbromid es sich bei einer vorgegebenen Stoffprobe handelt.

*Entsorgung:* Feststoffe in den Behälter für Hausmüll geben.

## Exp. 2 Untersuchung der Flammenfärbung von Metall-Ionen mit einem Spektroskop

Untersuche zur genaueren Entscheidung, um welches Metall-Ion es sich in einer vorgegebenen Stoffprobe handelt, die Flammenfärbung der Salze aus Exp. 1A mit dem Spektroskop. Halte dich dabei an die Anleitung zur Bedienung des Handspektroskops.

*Entsorgung:* Feststoffe in den Behälter für Hausmüll geben.

## Exp. 3 Nachweis von Halogenid-Ionen

Gib auf eine schwarze, laminierte Unterlage nebeneinander einen Tropfen verdünnte Kaliumchloridlösung, einen Tropfen verdünnte Kaliumbromidlösung (GHS07) und einen Tropfen verdünnte Kaliumiodidlösung. Versetze jede Probe mit genau einen Tropfen Silbernitratlösung ($w \approx 1\,\%$; GHS05|09). Notiere deine Beobachtungen.

*Entsorgung:* Lösungen in den Behälter für giftige anorganische Abfälle geben.

## Exp. 4 Untersuchung von Schwermetallsalzen mit der Phosphorsalzperle

**A** Drücke die Spitze eines zum Glühen erhitzten Magnesiastäbchens in eine Stoffprobe „Phosphorsalz“ (Natriumammoniumhydrogenphosphat) und halte das Magnesiastäbchen erneut in die Flamme, sodass das schmelzende Salz am Stäbchen eine glasklare Perle bildet. Wiederhole diesen Vorgang gegebenenfalls mehrfach. Feuchte die Perle nach dem Erkalten etwas an und berühre damit fein pulverisiertes Mangan(II)-sulfat (GHS08|09). Führe das so behandelte Magnesiastäbchen in die Oxidationsflamme des Brenners.

**B** Wiederhole das Experiment mit fein pulverisiertem Eisen(II)-sulfat (GHS07) und Kupfer(II)-sulfat (GHS07|09).

**C** Wiederhole die Experimente A und B, indem du diesmal die Salzproben in die Reduktionsflamme hältst.

*Entsorgung:* Feststoffe in den Behälter für Hausmüll geben.

## Exp. 5 Untersuchung des pH-Werts wässriger Lösungen

**A** Prüfe mit einem dir bekannten Indikatorpapier sowie der analogen Indikatorlösung die wässrigen Lösungen von Oxalsäure (Ethandisäure, GHS05|07), Palmitinsäure (Hexadecansäure), Ätznatron (Natriumhydroxid, GHS05) und Löschkalk (Calciumhydroxid, GHS05|07).
Erläutere deine Beobachtungen.

**B** Prüfe verschiedene Haushaltschemikalien (z. B. Shampoo, Reiniger, Kalkentferner, Zahncreme) ebenfalls auf ihren pH-Wert.
Notiere deine Beobachtungen.

*Entsorgung:* Lösungen von A in den Behälter für saure und basische Abfälle geben, Lösungen von B ins Abwasser geben.

## Exp. 6 Untersuchung des Verhaltens von Lösungen gegenüber Salzsäure

In drei Reagenzgläsern befinden sich wässrige Lösungen von Natriumcarbonat (GHS07), Silbernitrat (GHS07) und Natriumsulfat. Gib zu den Lösungen jeweils einige Tropfen Salzsäure ($w \approx 10\,\%$; GHS07). Erkläre deine Beobachtungen.
*Entsorgung:* Lösungen in den Behälter für saure und basische Abfälle geben.

## Exp. 7 Nachweis von Carbonat-Ionen

Gib in das Reagenzglas eines Gasentwicklers zwei Spatel eines Carbonats und fülle die Pipette mit Salzsäure ($w \approx 10\,\%$; GHS07). Tauche das Gasableitungsrohr in ein kleines Reagenzglas, in dem sich ca. 2 ml Bariumhydroxidlösung (GHS05|07) befinden. Baue den Gasentwickler zusammen und starte die Reaktion durch Zutropfen der Salzsäure.

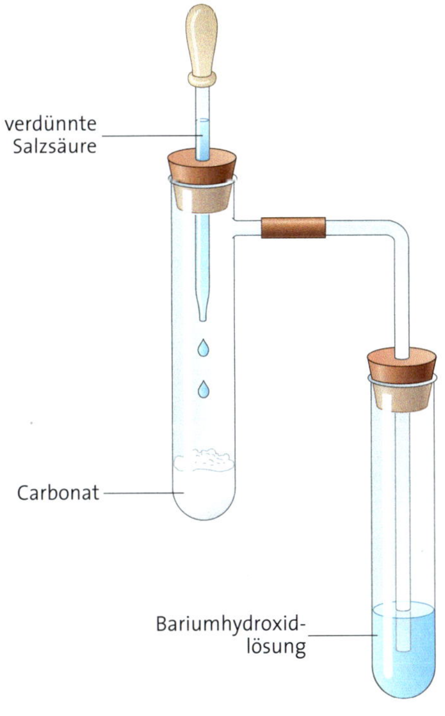


Notiere deine Beobachtungen.
*Entsorgung:* Lösungen in den Behälter für saure und basische Abfälle geben.

## Exp. 8 Unterscheidung von Carbonat- und Sulfat-Ionen

Arbeite bei diesem Experiment wieder mit einer schwarzen, laminierten Unterlage wie in Exp. 3. Gib je einen Tropfen Natriumcarbonatlösung (GHS07) und Natriumsulfatlösung auf den schwarzen Untergrund. Versetze diese Lösung nacheinander mit einem Tropfen verdünnter Bariumchloridlösung (GHS06) und einem Tropfen Salzsäure ($w \approx 10\,\%$; GHS07). Erläutere deine Beobachtungen.
*Entsorgung:* Lösungen in den Behälter für giftige anorganische Abfälle geben.

## Exp. 9 Untersuchung unbekannter Lösungen auf das Vorhandensein von Ionen

Bei drei mit A, B und C gekennzeichneten Proben in Reagenzgläsern kann es sich um folgende Lösungen handeln: verdünnte Salzsäure (GHS07), Natriumchloridlösung, verdünnte Schwefelsäure (GHS05), Natriumsulfatlösung, verdünnte Kalilauge (GHS05|07), Natriumcarbonatlösung (GHS07) oder dest. Wasser. Finde mit den folgenden Nachweisreagenzien heraus, um welche Stoffe es sich in den Lösungen handelt: Universalindikator, Silbernitratlösung (GHS07), Salzsäure ($w \approx 10\,\%$; GHS07), verdünnte Bariumchloridlösung (GHS06), Bariumhydroxidlösung (GHS05|07). Plane dein Vorgehen und notiere deine Beobachtungen. Gib an, welche Lösung die Reagenzgläser enthalten. Begründe deine Entscheidung.
*Entsorgung:* Lösungen in den Behälter für giftige anorganische Abfälle geben.

## Exp. 10 Untersuchung von Stoffen aus dem Alltag auf das Vorhandensein von Ionen

Untersuche das Düngemittel Kalkammonsalpeter auf das Vorhandensein folgender Ionen: $H^+$, $OH^-$, $Na^+$, $K^+$, $Ca^{2+}$, $Fe^{2+}$, $Cl^-$, $Br^-$, $I^-$ und $CO_3^{2-}$.
Plane dein Vorgehen und deute deine Beobachtungen.
*Entsorgung:* Lösungen in den Behälter für saure und basische Abfälle geben.

# Qualitative Analyse von Ionensubstanzen

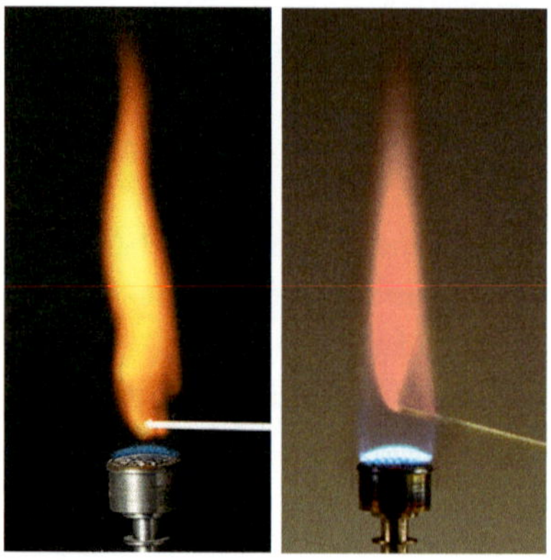

**1** Flammenfärbungen durch Natrium (links) und Kalium (rechts)

**2** Arbeiten mit dem Handspektroskop

**Vorproben** Eine qualitative Analyse beginnt mit Vorproben, die noch keine exakten Nachweise darstellen, aber schon wichtige Hinweise auf die Zusammensetzung der Ionensubstanz geben können. Ergebnisse der Vorproben erlauben es, die sich anschließenden Nachweise zielgerichteter durchzuführen. Typische Bestandteile der Vorproben sind die Flammenfärbung und die Phosphorsalzperle.

**Flammenfärbung** Hält man eine Probe eines Salzes in die Brennerflamme, so ändert diese oftmals ihre Farbe. Diese Flammenfärbungen sind für die Alkalimetall- und Erdalkalimetall-Ionen typisch (▸Exp. 1, S. 68; ▸**1**). Um die blassviolette Flammenfärbung des Kaliums zu erkennen, betrachtet man die Flamme durch ein Cobaltglas. Dieses absorbiert das andere Farben überdeckende gelbe Licht eines Natriumsalzes.
Flammenfärbungen können sich aber sehr stark ähneln. Deshalb ist es sicherer, die von den Elementen hervorgerufene Flammenfärbung mithilfe eines Spektroskops auszuwerten (▸**2**). Mit diesem optischen Gerät wird das von der Flamme ausgestrahlte Licht in seine Bestandteile zerlegt und kann dadurch visuell untersucht werden. Jedes Element hat ein charakteristisches Linienspektrum. Der intensiv gelben Flammenfärbung des Natriums entspricht z. B. eine Linie bei 589 nm. Das Linienspektrum kommt dadurch zustande, dass die im Atom befindlichen Außenelektronen durch die Anregung auf ein höheres Energieniveau gehoben werden und beim Zurückfallen auf das niedrigere Niveau ihre Energie als Licht bestimmter Wellenlängen aussenden (▸Exp. 2, S. 68; ▸**3**).

Kontinuierliches Spektrum von weißem Licht (800 bis 400 nm)

| Element | Flammenfarbe | Wellenlänge in nm | Charakteristische Linie im Spektrum |
|---|---|---|---|
| Lithium | Rot | 671 | |
| Natrium | Gelb | 589 | |
| Kalium | Blassviolett | 768<br>404 | |
| Calcium | Ziegelrot | 622 | |
| Strontium | Rot | 675–600 | |
| Barium | Grün | 524–513 | |

**3** Spektrallinien der Alkali- und Erdalkalimetalle

**Phosphorsalzperle** Die Phosphorsalzperle ist eine weitere Vorprobe für die chemische Analyse. Wird zu geschmolzenem Phosphorsalz (Natriumammoniumhydrogenphosphat, $NaNH_4HPO_4$) eine kleine Probe eines Schwermetallsalzes gegeben, so kann in der vorher farblosen Schmelze eine charakteristische Färbung auftreten (▸ Exp. 4, S. 68; ▸ **5**). Zum Herstellen der Phosphorsalzperlen wird mit unterschiedlichen Flammentemperaturen gearbeitet. Zum einen wird in der entleuchteten Flamme (Oxidationsflamme) erhitzt, zum anderen an der Grenze zwischen innerem und äußerem Flammenkegel, anschließend im inneren Flammenkegel „gekühlt" und die Perle rasch aus der Flamme gezogen (Reduktionsflamme) (▸ **6**). Die Perlfarben ändern sich beim Abkühlen (▸ **4**).

| **Metall-Ionen des Salzes** | **Perlfarbe in der Oxidationsflamme** | | **Perlfarbe in der Reduktionsflamme** |
|---|---|---|---|
| | **heiß** | **kalt** | |
| Mangan-Ionen | Violett | Violett bis Braun | farblos |
| Nickel-Ionen | Gelb | bräunlich | Grau |
| Cobalt-Ionen | Blau | Blau | Blau |
| Eisen-Ionen | Gelb bis Braunrot | farblos bis Gelbrot | schwach Grün |
| Kupfer-Ionen | Rot | Rot | Rotbraun |
| Chrom-Ionen | Grün | Grün | Grün |

**4** Farbe der Phosphorsalzperle verschiedener Schwermetallsalze

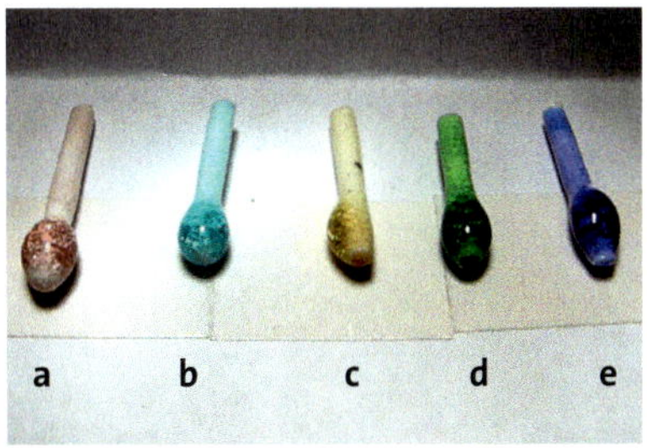


**5** Kalte Phosphorsalzperlen verschiedener Schwermetallsalze (Metall-Ionen):

**a** Mangan-Ionen
**b** Kupfer-Ionen
**c** Nickel-Ionen
**d** Chrom-Ionen
**e** Cobalt-Ionen

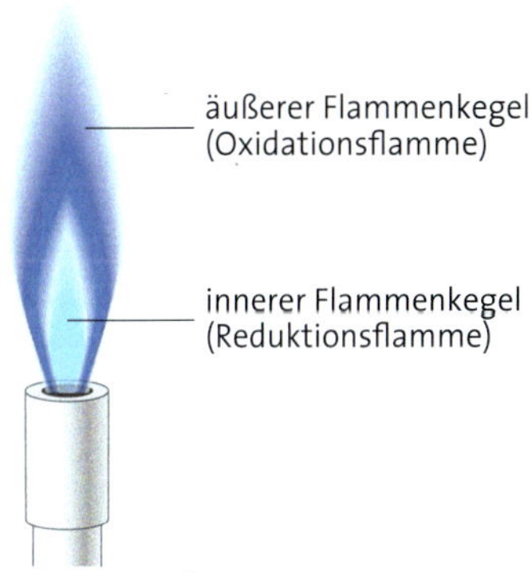


**6** Zonen der Brennerflamme

**Eine weitere Vorprobe** Erhitzt man einige Milligramm einer unbekannten Substanz in einem schmalen Glasrohr (Glühröhrchen), so kann sich die Substanz zersetzen. Dabei entstehende Gase können identifiziert und Rückschlüsse auf die zersetzte Substanz gezogen werden. So ist die Bildung von Kohlenstoffdioxid ein Hinweis auf Carbonate, Schwefeldioxid kann aus einem Sulfit gebildet und die Halogene Chlor, Brom und Iod können aus ihren Halogeniden freigesetzt werden.

## Aufgaben

**1** Begründe, weshalb die Flammenfärbung bzw. die Farben einer Phosphorsalzperle nicht als eindeutiger Nachweis für ein bestimmtes chemisches Element gelten können.

**2** Die Spektralanalyse eines Düngemittels ergibt ein Spektrum mit charakteristischen Linien im Bereich des sichtbaren Lichts bei 768 und 404 nm. Gib an, welche Pflanzennährstoffe das Düngemittel enthält.

**3** In einem alten Chemikalienschrank findet man eine unbeschriftete Flasche, in der sich unter Petroleum ein sehr weiches Metall befindet, das heftig mit Wasser reagiert. Um welche Metalle kann es sich handeln? Beschreibe, wie man herausfinden kann, welches Metall genau vorliegt.

**4** Nickel(II)-chlorid und Eisen(II)-sulfat sind beide grüne Salze. Wie kann man sie dennoch unterscheiden?

1 Verschiedene Indikatoren in saurer Lösung (pH = 1): Lackmus (li.), Bromthymolblau (Mitte), Phenolphthalein (re.)

**Farbreaktionen** Die bereits bekannten Farbänderungen von pH-Indikatoren sind Nachweise für das Vorhandensein von Wasserstoff- bzw. Hydroxid-Ionen. Farbabstufungen bei Verwendung von Universalindikatoren und speziellen Indikatorpapieren lassen auch Rückschlüsse auf den pH-Wert der Lösung zu (▸Exp. 5, S 68; ▸**1**).
Auch bei der Nutzung von Teststäbchen, mit denen man z. B. den Nitratgehalt einer Wasserprobe bestimmen kann, zeigt eine Farbänderung die Konzentration dieses Ions in der Probe an (▸**2**).

**Fällungsreaktionen** Durch chemische Reaktionen mit bestimmten Nachweismitteln ist den Ionen in Stoffen auf die Spur zu kommen (▸S. 74). Einige Ionen werden direkt aus den festen Stoffen nachgewiesen, andere besser aus den Lösungen identifiziert.

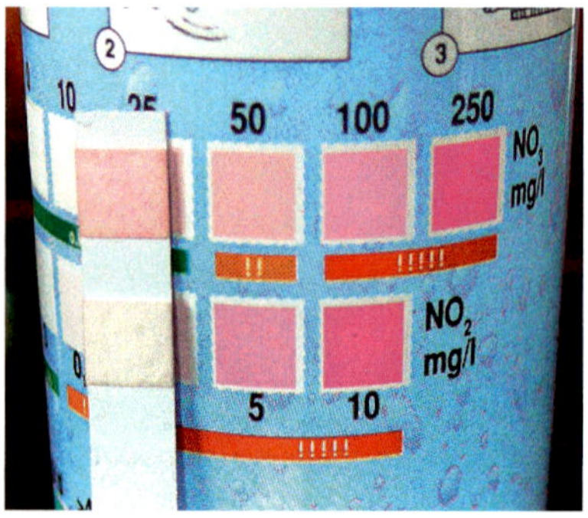


2 Nitrat-Teststäbchen

Eine Nachweismethode beruht auf der Bildung von **Niederschlägen**. Versetzt man eine Kochsalzlösung mit einigen Tropfen Silbernitratlösung, so entsteht sofort ein weißer, fester Stoff, der sich in der Lösung langsam absetzt (▸**3**). Bei diesem weißen Salz kann es sich durch die in den Lösungen enthaltenen Ionen theoretisch um Natriumnitrat oder um Silberchlorid handeln. Durch Vergleich ihrer Löslichkeiten kann Natriumnitrat ausgeschlossen werden (88 g in 100 g Wasser, bei 20 °C). Bei dem entstandenen Niederschlag handelt es sich um Silberchlorid (0,0002 g in 100 g Wasser, bei 20 °C). Silbernitratlösung ist bei dieser Reaktion das **Nachweismittel**. In der Reaktionsgleichung kann zum besseren Erkennen der Reaktionsart der gebildete Niederschlag mit einem nach unten gerichteten Pfeil angegeben werden:

$$Ag^+ (aq) + NO_3^- (aq) + Na^+ (aq) + Cl^- (aq) \longrightarrow AgCl (s)\downarrow + Na^+ (aq) + NO_3^- (aq)$$

Unter Vernachlässigung der nicht an der Reaktion beteiligten Natrium- und Nitrat-Ionen kann die verkürzte Ionengleichung formuliert werden:

$$Ag^+ (aq) + Cl^- (aq) \longrightarrow AgCl (s)\downarrow$$

Mit Fällungsreaktionen lassen sich verschiedene Ionen unter Nutzung geeigneter Nachweismittel identifizieren.

3 Niederschläge von Silberchlorid, Silberbromid und Silberiodid

**Nachweis von Halogenid-Ionen** Die Silber-Ionen einer Silbernitratlösung bilden auch mit Bromid- und Iodid-Ionen schwer lösliche Niederschläge. Da diese farblich verschieden sind, können die Halogenid-Ionen durch Fällungsreaktionen unterschieden werden (▸Exp. 3, S. 68; ▸**3, 4**).

$$Ag^+ (aq) + NO_3^- (aq) + K^+ (aq) + Br^- (aq) \longrightarrow AgBr (s)\downarrow + K^+ (aq) + NO_3^- (aq)$$

$$Ag^+ (aq) + Br^- (aq) \longrightarrow AgBr (s)\downarrow$$

**Eine Fällungsreaktion ist eine Art der chemischen Reaktion, bei der aus der wässrigen Lösung Ionen eines schwer löslichen Salzes zu Kristallen zusammentreten und als Niederschlag ausfallen.**

**Nachweis und Unterscheidung von Sulfat- und Carbonat-Ionen** Fällt bei der Zugabe von Bariumchloridlösung zu einer unbekannten Lösung ein weißer Niederschlag aus, so kann es sich dabei um Bariumcarbonat oder Bariumsulfat handeln:

$$Ba^{2+}(aq) + 2\,Cl^-(aq) + 2\,Na^+(aq) + CO_3^{2-}(aq) \longrightarrow BaCO_3(s)\downarrow + 2\,Cl^-(aq) + 2\,Na^+(aq)$$
$$Ba^{2+}(aq) + 2\,Cl^-(aq) + 2\,Na^+(aq) + SO_4^{2-}(aq) \longrightarrow BaSO_4(s)\downarrow + 2\,Cl^-(aq) + 2\,Na^+(aq)$$

Versetzt man die Niederschläge mit einer verdünnten Säure, so bleibt der Niederschlag von Bariumsulfat unverändert. Dagegen löst sich Bariumcarbonat wie jedes Carbonat bei Zugabe einer Säure, z. B. Salzsäure, unter Bildung von farblosem Kohlenstoffdioxid auf (▸ Exp. 6, 8, S. 69).

$$BaCO_3(s) + 2\,H^+(aq) + 2\,Cl^-(aq) \longrightarrow Ba^{2+}(aq) + 2\,Cl^-(aq) + CO_2(g) + H_2O(l)$$

**Nachweis von schwer löslichen Carbonaten** Fällungsreaktionen sind nur mit leicht löslichen Stoffen möglich. Außer den Alkalicarbonaten sind Carbonate aber überwiegend schwer löslich und eignen sich somit nicht für Fällungsreaktionen. Um in schwer löslichen Carbonaten die Säurerest-Ionen nachzuweisen, wird der Feststoff mit einer Säurelösung versetzt. Das dabei freigesetzte Kohlenstoffdioxid wird in Calcium- oder Bariumhydroxidlösung (Kalk- bzw. Barytwasser) eingeleitet (▸ Exp. 7, S. 69). Der entstehende weiße Niederschlag von schwer löslichem Calcium- bzw. Bariumcarbonat dient als Nachweis sowohl für das Carbonat als auch für das Gas Kohlenstoffdioxid.

$$Ca^{2+}(aq) + 2\,OH^-(aq) + CO_2(g) \longrightarrow CaCO_3(s)\downarrow + H_2O(l)$$

Um diese Reaktion als Fällungsreaktion zu verstehen, kann sie in zwei Teilschritten dargestellt werden:

$$2\,OH^-(aq) + CO_2(g) \longrightarrow CO_3^{2-}(aq) + H_2O(l)$$
$$Ca^{2+}(aq) + CO_3^{2-}(aq) \longrightarrow CaCO_3(s)\downarrow$$

Erst die Hydroxid-Ionen des Kalk- oder Barytwassers ermöglichen die Bildung der Carbonat-Ionen aus Kohlenstoffdioxidmolekülen.

## Aufgaben

**1** Entscheide, ob bei der Reaktion folgender Lösungen ein schwer löslicher Stoff entstehen kann. Nenne dessen Namen.
- **a** Natriumchloridlösung und Silbernitratlösung
- **b** Natriumiodidlösung und Silbernitratlösung
- **c** Blei(II)-bromidlösung und Kaliumsulfatlösung

**2** Erläutere das experimentelle Vorgehen beim Unterscheiden der folgenden Stoffe:
- **a** Natriumcarbonat und Natriumsulfat
- **b** Kaliumiodid und Kaliumhydroxid
- **c** Silbernitrat und Natriumnitrat

**3** Begründe das vorangehende Zugeben von Salzsäure zu einer auf Sulfat-Ionen zu prüfenden Lösung.

**4** Salzsäure oder Schwefelsäure?
- **a** Begründe, weshalb es nicht moglich ist, Schwefelsäure und Salzsäure mit Universalindikator zu unterscheiden.
- **b** Erläutere eine Möglichkeit zur experimentellen Unterscheidung dieser beiden Säuren.

| Nachzuweisendes Ion | Nachweismittel | Beobachtung | Verkürzte Ionengleichung |
|---|---|---|---|
| Chlorid $Cl^-$ | Silbernitratlösung | weißer Niederschlag | $Ag^+(aq) + Cl^-(aq) \longrightarrow AgCl(s)\downarrow$ |
| Bromid $Br^-$ | Silbernitratlösung | gelblicher Niederschlag | $Ag^+(aq) + Br^-(aq) \longrightarrow AgBr(s)\downarrow$ |
| Iodid $I^-$ | Silbernitratlösung | gelber Niederschlag | $Ag^+(aq) + I^-(aq) \longrightarrow AgI(s)\downarrow$ |
| Sulfat $SO_4^{2-}$ | Bariumchloridlösung | weißer Niederschlag | $Ba^{2+}(aq) + SO_4^{2-}(aq) \longrightarrow BaSO_4(s)\downarrow$ |
| Carbonat $CO_3^{2-}$ | Calciumhydroxidlösung | weißer Niederschlag | $Ca^{2+}(aq) + CO_3^{2-}(aq) \longrightarrow CaCO_3(s)\downarrow$ |

**4** Nachweis einiger Ionen durch Fällungsreaktionen

# Identifizieren von Stoffen durch Nachweisen von Ionen

**1** Silberchlorid und Silbercarbonat sind optisch nicht zu unterscheiden.

1. Beim Analysieren unbekannter Stoffproben sehr sauber und sorgfältig arbeiten.
2. Zu untersuchende Stoffproben und Nachweismittel stets kennzeichnen, um Verwechslungen zu vermeiden.
3. Zum Lösen von festen Stoffen nur dest. Wasser verwenden, um den Eintrag von Fremd-Ionen zu verhindern.
4. Sparsam mit der Analysensubstanz umgehen und Lösungen mehrfach teilen, um verschiedene Nachweise durchführen und gegebenenfalls wiederholen zu können.
5. Niemals mehrere Nachweismittel in ein und dieselbe Stoffprobe geben.

**2** Regeln für das analytische Arbeiten

| Silbersalze | Löslichkeit in g pro 100 g Wasser |
|---|---|
| AgCl | 0,000 2 |
| $Ag_2SO_4$ | 0,8 |
| $Ag_2SO_3$ | 0,000 46 |
| $Ag_2CO_3$ | 0,003 |
| $AgNO_3$ | 218 |

**3** Löslichkeit einiger weißer Silbersalze

**Untersuchen unbekannter Lösungen** Mithilfe der bekannten Ionennachweise sind auch Stoffgemische aus verschiedenen Ionensubstanzen bzw. deren Lösungen identifizierbar. Es kann jedoch nur gezeigt werden, welche Ionen in der unbekannten Lösung vorhanden sind; Schlussfolgerungen über die in der Lösung vorliegenden Stoffe sind nur indirekt möglich. Die zu untersuchende Lösung wird als **Analysenlösung** bezeichnet, die für den Nachweis zugegebene Lösung als **Nachweismittel**. Die Rolle dieser beiden Lösungen hängt von der Aufgabenstellung ab. Sollen z. B. in einer Lösung Silber-Ionen nachgewiesen werden, so kann eine Natriumchloridlösung als Nachweismittel eingesetzt werden.

Da Fällungsreaktionen als Nachweis für Ionen nur in klaren Lösungen zu einem eindeutigen Ergebnis führen, muss eine Stoffprobe, in der ein oder mehrere Bestandteile schwer oder unlöslich sind, vor der Analyse filtriert werden. Das Filtrat kann direkt für Nachweise durch Fällungsreaktionen genutzt werden. Auch der Filterrückstand kann durch weitere Reaktionen auf verschiedene Ionen untersucht werden. Im Filterrückstand können z. B. schwer lösliche Carbonate enthalten sein (► S. 73).

Ehe mit dem Analysieren unbekannter Stoffproben begonnen wird, sollten die in der Stoffprobe möglicherweise vorhandenen Ionen notiert werden. Anschließend werden die benötigten Nachweismittel und Geräte bereitgestellt. Zur Auswertung der Ionennachweise kann z. B. eine Tabelle vorbereitet werden, in der nachzuweisendes Ion, Nachweismittel, Beobachtung und Auswertung übersichtlich erfasst werden können (► Exp. 9, S. 69; ► **4**, S. 73). Dies ist besonders wichtig, wenn Stoffgemische untersucht werden, die zahlreiche Ionen enthalten. So findet man z. B. in einem Mehrnährstoffdünger eine Kombination mehrerer für die Pflanzenernährung notwendiger Ionen (► Exp. 10, S. 69).

**Ansäuern von Analyselösungen** Ein weißer Niederschlag nach Zugabe von Silbernitratlösung zu einer Analysenlösung muss nicht unbedingt durch Chlorid-Ionen verursacht werden. Auch andere Ionen bilden mit Silber-Ionen weiße, schwer lösliche Niederschläge (► **3**). So stören besonders Carbonat-Ionen die Analyse. Diese können schon durch das destillierte Wasser in die Analysenlösung eingetragen werden, da sich Kohlenstoffdioxid aus der Luft in Wasser löst. Um diese störenden Ionen zu beseitigen, muss die Lösung vorher „angesäuert" werden. Die Wasserstoff-Ionen der Säure zersetzen entstandene Carbonate unter Bildung von Kohlenstoffdioxid (► S. 73). Die Auswahl der Säure muss so erfolgen, dass deren Säurerest-Ionen den Nachweis nicht selbst durch Bildung neuer Niederschläge stören. Besonders geeignet ist deshalb verdünnte Salpetersäure, da die Nitrat-Ionen mit keinem Metall-Ion ein schwer lösliches Salz bilden (► **3**).

Methode

# Nachweis von Ionen in einem Mineralwasser

**Mineralwasser enthält, abhängig von der Herkunft, unterschiedliche Ionen. Sie lassen sich durch folgerichtiges experimentelles Vorgehen nachweisen, wie das nachstehende Beispiel zeigt.**

**1 Lege fest, auf welche Ionen das Mineralwasser untersucht werden soll.**
Das Mineralwasser soll auf Chlorid-Ionen, Wasserstoff-Ionen, Hydroxid-Ionen, Sulfat-Ionen und Carbonat-Ionen untersucht werden.

**2 Stelle die notwendigen Chemikalien und Geräte bereit.**
Chemikalien: Mineralwasser, verdünnte Silbernitratlösung, verdünnte Bariumchloridlösung; Universalindikatorlösung, verdünnte Salzsäure
Geräte: Becherglas, Reagenzglasständer, Reagenzgläser, Pipetten

**3 Führe die Nachweise durch, beobachte und notiere die Ergebnisse.**
Beschrifte die Reagenzgläser mit einem Folienstift. Fülle jeweils in ein Reagenzglas 2 ml des Mineralwassers. Gib in jeweils ein Reagenzglas einige Tropfen einer Nachweisreagenz. Notiere deine Beobachtungen.

**4 Werte die Beobachtungsergebnisse aus.**
Im untersuchten Mineralwasser sind die jeweiligen Ionen enthalten, wenn der Nachweis positiv ausfällt. Nutze die unten stehende Tabelle.

| Experimentelle Arbeitsschritte | Mögliche Ionen im Mineralwasser | Nachgewiesenes Ion |
|---|---|---|
| Prüfen mit **1. Universalindikatorlösung** | $Cl^-$ $H^+$ $OH^-$ $SO_4^{2-}$ $CO_3^{2-}$ | |
| Farbänderung: | $H^+$ $OH^-$ | |
| Blaufärbung: | | $OH^-$ |
| Rotfärbung: | | $H^+$ |
| keine Farbänderung: | $Cl^-$ $SO_4^{2-}$ $CO_3^{2-}$ | |
| **2. Bariumchloridlösung** | | |
| weißer Niederschlag: | $BaSO_4$ $BaCO_3$ | |
| 3. verdünnter **Salzsäure** | | |
| Niederschlag löst sich auf: | | $CO_3^{2-}$ |
| Niederschlag löst sich nicht auf: | | $SO_4^{2-}$ |
| kein weißer Niederschlag | $Cl^-$ | |
| **4. Silbernitratlösung** | | |
| weißer Niederschlag: | $AgCl$ | $Cl^-$ |

# Analytisches in Küche und Bad

1 Reiniger – für jeden Zweck der richtige

**Reinigungs-, Wasch- und Körperpflegemittel** Es ist für uns selbstverständlich, dass deren Inhaltsstoffe genau die Aufgabe erfüllen, die der Hersteller auf der Verpackung verspricht. Einige der Inhaltsstoffe sind mit einfachen chemischen Mitteln nachweisbar.

**Inhaltsstoffe** Der Hersteller ist verpflichtet, die Zusammensetzung seines Reinigungsmittels auf der Verpackung anzugeben. Ein wesentlicher Bestandteil fast aller Reinigungsmittel sind Tenside; das sind waschaktive Substanzen, die auch hydrophobe Verschmutzungen von Kleidungsstücken lösen können.

Eine ähnliche Aufgabe erfüllen Lösungsmittel, z. B. die in manchen Reinigern vorhandenen Alkohole (▸2). Farb- und Duftstoffe geben dem Produkt verbraucherfreundliche Eigenschaften. Konservierungsmittel sind nur bei stark wasserhaltigen Stoffgemischen mit einem pH-Wert nahe pH = 7 notwendig (▸2).

**Saure und basische Reiniger** Der Griff zum richtigen Reiniger ist wichtig, um Verschmutzungen leicht und gezielt entfernen zu können. Die meist fetthaltigen Verschmutzungen in der Küche beseitigt man mit einem basischen Reiniger. Die Hydroxid-Ionen fördern die Spaltung von Fettmolekülen und somit die Fettbeseitigung. Im Bad sind es vor allem Kalkablagerungen, die durch saure Reiniger meist mühelos entfernt werden können.

**Exp. 1**

**Untersuchung des pH-Werts verschiedener Reiniger**

Prüfe verschiedene Haushaltsreiniger mit pH-Indikatorpapier. Stelle deine Ergebnisse in einer Tabelle dar. Informiere dich über die Anwendung des Reinigers.
*Entsorgung:* Indikatorpapier in den Hausmüll geben.

| Inhaltsstoff | Allzweckreiniger | Glasreiniger | WC-Reiniger | Backofenreiniger | Scheuermilch | Geschirrspülmittel |
|---|---|---|---|---|---|---|
| Tenside | <10 % | <5 % | <5 % | <6 % | <5 % | bis 25 % |
| Säuren | saure Reiniger: Essigsäure, Citronensäure | – | z. B. Ameisen-, Essig-, Citronensäure | – | – | z. B. Citronensäure |
| Basen | basische Reiniger: Natronlauge, Soda | z. B. Ammoniak | – | z. B. Natron- und Kalilauge | z. B. Soda | – |
| Lösungsmittel | z. B. Ethanol | z. B. Ethanol, Propan-2-ol | – | z. B. Glykol | – | z. B. Alkohole |
| Sonstige | Farb- und Duftstoffe, Wasserenthärter | Farb- und Duftstoffe, Konservierungsmittel | Farb- und Duftstoffe, Füllstoffe ($Na_2SO_4$, $Na_2CO_3$) | Duftstoffe, Treibgas (Butan) | Abrasiva (mechanische Schmutzbeseitigung) | Farb- und Duftstoffe, Hautpflegekomponenten |

2 Inhaltsstoffe verschiedener Reiniger

**Materialverträglichkeit** Ein Reinigungsmittel darf die Oberfläche der zu reinigenden Gegenstände nicht angreifen. Dafür ist eine vorschriftsmäßige Anwendung notwendig. Saure Reiniger sollten deshalb nie auf Marmor- oder Aluminiumoberflächen eingesetzt werden. Auch Baumwolle oder der Kunststoff PVC können von den darin enthaltenen Säuren angegriffen werden. Basische Reiniger können z. B. lackierte Oberflächen oder Klebstoffe angreifen.

**Gesundheitsschutz** Reiniger sind Gemische chemischer Substanzen, die bei unsachgemäßem Gebrauch eine Gesundheitsgefahr darstellen. Ein Abflussreiniger enthält meist Natriumhydroxid (Ätznatron). Der Hersteller muss auf der Verpackung auf die besonderen Gefahren beim Umgang mit dieser ätzenden Substanz hinweisen und Sicherheitsratschläge erteilen. Manchmal entsteht eine Gefahr auch erst bei gleichzeitiger Benutzung zweier Reinigungsmittel: So ist es gefährlich, chlor- und säurehaltige Reiniger gemeinsam zu benutzen, da dabei giftiges Chlorgas entstehen kann.
Prinzipiell ist das Risiko einer Gesundheitsgefährdung beim Umgang mit Reinigungsmitteln sehr gering. Die durch die Gefahrensymbole angegebenen Warnungen können nur zu einem gesundheitlichen Risiko führen, wenn das Reinigungsmittel unsachgemäß angewendet wird.

**3** Reiniger mit Gefahrstoffkennzeichnung

**Exp. 2** **Untersuchung von Scheuermitteln auf Carbonate**

Prüfe verschiedene Scheuermittel auf das Vorhandensein von Carbonaten. Halte dich dabei an die Anleitung in Exp. 7, S. 69. Notiere deine Beobachtungen.
*Entsorgung:* Lösungen in den Behälter für saure und basische Abfälle geben.

**Exp. 3** **Untersuchung der Zusammensetzung von Rohrreiniger**

**A** Löse in einem kleinen Becherglas einen Spatel (aluminiumhaltigen) Rohrreiniger in ca. 20 ml Wasser. Prüfe den pH-Wert und beobachte.
**B** Gib in einen Gasentwickler einen Spatel (aluminiumhaltigen) Rohrreiniger und versetze ihn mit ca. 10 ml Wasser. Fange das Gas pneumatisch auf und prüfe seine Brennbarkeit.
**C** Untersuche den Rohrreiniger auf Metall-Ionen. Nutze dafür die Flammenfärbung (▸ S. 68).
*Entsorgung:* Lösungen in den Behälter für saure und basische Abfälle geben.

**Exp. 4** **Untersuchung verschiedener Reiniger auf Sulfat- und Carbonat-Ionen**

Untersuche verschiedene Allzweckreiniger und WC-Reiniger auf das Vorhandensein von Sulfat- und Carbonat-Ionen. Halte dich dabei an die Anleitung in Exp. 8, S. 69. Notiere deine Beobachtungen.
*Entsorgung:* Lösungen in den Behälter für saure und basische Abfälle geben.

## Aufgaben

**1** Begründe, dass bei vielen sauren und basischen Reinigern kein Konservierungsmittel notwendig ist.

**2** Die in Geschirrspülern verwendeten Reinigungspulver reagieren basisch, der Klarspüler dagegen sauer. Begründe diesen Unterschied.

# Quantitative analytische Untersuchungen

## Exp. 11 Herstellen von Natronlauge einer exakten Stoffmengenkonzentration

Stelle genau 100 ml einer Natronlauge der Stoffmengenkonzentration $c = 0{,}25\,\text{mol} \cdot \text{l}^{-1}$ her. Berechne zunächst die Masse an Natriumhydroxid (GHS05), die dazu abgewogen werden muss. Wiege die Masse in einem Becherglas ab und löse den Stoff in weniger als 100 ml dest. Wasser. Überführe die Lösung in einen 100-ml-Maßkolben und fülle mit dest. Wasser bis zur Markierung auf.
Übergib die fertigen Lösungen deinem Lehrer.

## Exp. 12 Maßlösungen

Stelle die folgenden Lösungen her:
- Natriumchloridlösung ($c = 1\,\text{mol} \cdot \text{l}^{-1}$)
- Kaliumhydroxidlösung ($c = 0{,}1\,\text{mol} \cdot \text{l}^{-1}$)
- Kaliumbromidlösung ($c = 0{,}1\,\text{mol} \cdot \text{l}^{-1}$)

Plane dein experimentelles Vorgehen und zeige deinen Plan sowie die Berechnung der einzuwiegenden Masse des Feststoffs deinem Lehrer.
Übergib die fertigen Lösungen deinem Lehrer.

## Exp. 13 Titration von Natronlauge mit Salzsäure

Gib mit einer Vollpipette genau 20 ml Natronlauge (GHS05) in einen Erlenmeyerkolben. Versetze die Lösung mit drei Tropfen Bromthymolblaulösung. Fülle in eine Bürette Salzsäure der Stoffmengenkonzentration $c = 0{,}1\,\text{mol} \cdot \text{l}^{-1}$ und lass die Salzsäure bis zur Nullmarkierung ablaufen. Tropfe unter ständigem Schwenken des Kolbens Salzsäure in die Natronlauge, bis sich die Farbe des Indikators gerade ändert.
Notiere das Volumen an zugegebener Salzsäure.
Berechne die Stoffmengenkonzentration der Natronlauge.
*Hinweis:* Zum guten Durchmischen der Lösungen kann auch ein Magnetrührer genutzt werden.
*Entsorgung:* Lösung ins Abwasser geben.

## Exp. 14 Bestimmung der Stoffmengenkonzentration von Speiseessig

Gib mithilfe einer Vollpipette genau 20 ml Speiseessig in einen Erlenmeyerkolben. Versetze die Lösung mit drei Tropfen Phenolphthaleinlösung (GHS02|08). Fülle in eine Bürette Natronlauge der Stoffmengenkonzentration $c = 1\,\text{mol} \cdot \text{l}^{-1}$ und notiere das eingestellte Anfangsvolumen. Tropfe unter ständigem Schwenken des Erlenmeyerkolbens (oder unter Nutzung eines Magnetrührers) Natronlauge in die Essigsäure, bis gerade eine blasse rotviolette Färbung des Indikators auftritt.
Notiere das Volumen an zugegebener Salzsäure.
Berechne die Stoffmengenkonzentration an Essigsäure sowie die Masse an reiner Essigsäure, die in einem Liter Speiseessig enthalten ist.
*Entsorgung:* Lösung ins Abwasser geben.

## Exp. 15 Bestimmung der Konzentration einer Salzsäure mittels Leitfähigkeitstitration

Baue eine Apparatur zur Leitfähigkeitstitration entsprechend der Abb. 1, S. 82 auf.
*Hinweis:* Neben den für jede Titration üblichen Geräten benötigst du eine Leitfähigkeitselektrode, einen Wandler und einen PC oder Laptop mit installierter Auswertungssoftware.
Gib 10 ml Salzsäure ($c = 0{,}1\,\text{mol} \cdot \text{l}^{-1}$) in ein 250-ml-Becherglas. Fülle mit dest. Wasser auf ca. 150 ml auf. Tropfe als Maßlösung 20 ml Natronlauge ($c = 0{,}1\,\text{mol} \cdot \text{l}^{-1}$) in Portionen von je 1 ml zur Analysenlösung. Erfasse nach jeder Zugabe der Natronlauge durch Tastendruck einen Messwert. Die Software ermöglicht die grafische und tabellarische Darstellung der Abhängigkeit der Leitfähigkeit vom zugesetzten Volumen Natronlauge.
Notiere die Messwerte und zeichne den Graphen.
*Entsorgung:* Lösung in den Behälter für saure und basische Lösungen geben.

# Quantitative Analysen

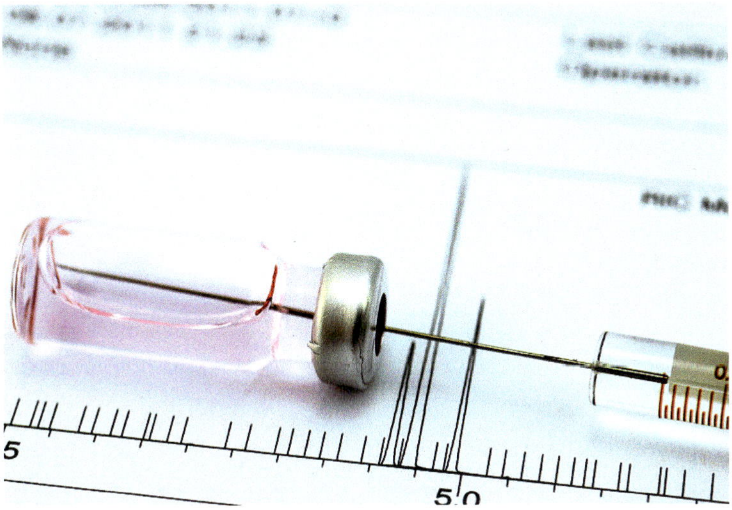


1 Ergebnis einer quantitativen Analyse

**Die Frage nach dem Anteil eines Stoffes in einem Stoffgemisch ist in vielen Bereichen wichtig. Trinkwasser wird untersucht, ob es der Trinkwasserverordnung entspricht. Für Lebensmittel werden Höchstwerte für notwendige Zusatzstoffe festgelegt. Ärzte können normale von krankhaften Blutwerten unterscheiden und Pharmazeuten produzieren Medikamente mit genau eingestellter Wirkstoffkonzentration.**

**Zusammensetzungsgrößen** Um den Anteil eines bestimmten Stoffes A in einem Stoffgemisch anzugeben, benutzt man im Alltag oft den Massen- oder Volumenanteil, d. h., man nennt den prozentualen Anteil dieses Stoffes. Die in der Notfallmedizin oft eingesetzte isotonische Kochsalzlösung ist 0,9%ig, was bedeutet, dass in 100 g Lösung 0,9 g Kochsalz enthalten sind.
Für den Chemiker sind diejenigen Zusammensetzungsgrößen besonders wichtig, die sich auf das Volumen einer Lösung beziehen – die **Konzentrationen**. Man gibt die Masse *m* oder die Stoffmenge *n* eines Stoffes in einem bestimmten Volumen *V* der Lösung an – und spricht von der **Massenkonzentration** bzw. **Stoffmengenkonzentration.**

**Stoffmengenkonzentration *c*** Der Chemiker nutzt als quantitative Größe meist die Stoffmengenkonzentration. Die Angabe auf dem Etikett einer Chemikalienflasche „Ethansäure $c = 1\,\text{mol/l}$" besagt, dass in einem Liter der Lösung genau 1 mol Ethansäure enthalten ist.
Aufgrund der Proportionalität von Stoffmenge und Masse eines Stoffes kann man über die molare Masse *M* berechnen, dass die Masse an Ethansäure in 1 Liter Lösung 60 g beträgt (▸ **3**):

$$m = n \cdot M = 1\,\text{mol} \cdot 60\,\frac{\text{g}}{\text{mol}} = 60\,\text{g}$$

Bei der Herstellung von Lösungen exakter Konzentration ist darauf zu achten, dass sich das Volumen nicht allein auf das Lösungsmittel, sondern auf die gesamte Lösung bezieht (▸ Exp. 11, 12, S. 78).

**Die Stoffmengenkonzentration *c* ist der Quotient aus der Stoffmenge *n* des gelösten Stoffes und dem Volumen *V* der Lösung. Einheiten sind mol/l bzw. mmol/l.**

Berechnung der Masse von 1 mol Natriumhydroxid:

$$m(\text{NaOH}) = n(\text{NaOH}) \cdot M(\text{NaOH})$$
$$= 1\,\text{mol} \cdot 40\,\frac{\text{g}}{\text{mol}} = \underline{40\,\text{g}}$$

40 g Natriumhydroxid werden abgewogen und in weniger als 1 Liter dest. Wasser vollständig gelöst. Die Lösung wird in einen Maßkolben gegossen und genau bis zur Eichmarke mit dest. Wasser gefüllt.

**2** Herstellung von Natronlauge mit einer Konzentration von $c = 1\,\text{mol/l}$

$$c(\text{Stoff}) = \frac{n(\text{Stoffportion})}{V(\text{Lösung})}$$
$$m(\text{Stoffp.}) = n(\text{Stoffp.}) \cdot M(\text{Stoff})$$
$$c(\text{Stoff}) = \frac{m(\text{Stoffp.})}{M(\text{Stoff}) \cdot V(\text{Lösung})}$$
$$m(\text{Stoffp.}) = c(\text{St.}) \cdot M(\text{St.}) \cdot V(\text{Ls.})$$

**3** Beziehungen zwischen Stoffmengenkonzentration *c* und Masse

# Die Titration – eine Maßanalyse

**Schon Ende des 18. Jahrhunderts entwickelte man erste halbquantitative Analysemethoden. So konnte man z. B. die Menge an Essigsäure im Weinessig ermitteln und damit seine Qualität bestimmen. Bis zur quantitativen Analyse war es nur noch ein kleiner Schritt, den der Franzose LOUIS GAY-LUSSAC vollzog, indem er die erste Methode zur quantitativen Bestimmung von Chlorid-Ionen entwickelte.**

**1** Durchführung einer Titration

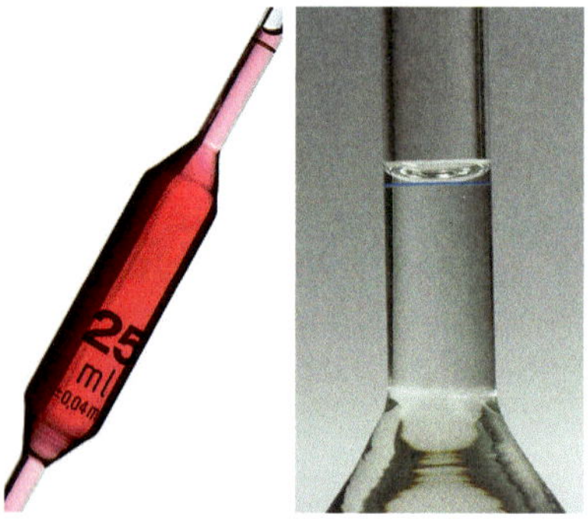


**2** Abmessen eines genauen Volumens mit einer Vollpipette

- Bürette
- Trichter (zum Einfüllen der Maßlösung)
- Vollpipette
- Pipettierball
- Weithals-Erlenmeyerkolben
- kleines Becherglas
- evtl. Magnetrührer

**3** Für eine Titration bereitzustellende Geräte

**Quantitative Bestimmung von Säuren und Basen** Für das genaue Ermitteln der Stoffmengenkonzentration an Wasserstoff-Ionen oder Hydroxid-Ionen, z. B. in einer Abwasserprobe, wird die chemische Reaktion dieser Teilchen miteinander bei einer Neutralisation genutzt. In der als **Titration** bezeichneten Analysemethode werden Lösungen mit genau bekannter Stoffmengenkonzentration als Reaktionspartner für eine zu untersuchende Stoffprobe eingesetzt. Der Verbrauch an dieser **Maßlösung** ermöglicht die quantitative Bestimmung der Stoffmengenkonzentration in der **Analysenlösung.** Wenn beispielsweise die Stoffmenge der Wasserstoff-Ionen im Volumen der zugetropften Maßlösung bekannt ist, lassen sich Stoffmenge und Konzentration der Hydroxid-Ionen in der Analysenlösung berechnen.

**Vorbereitung der Titration** Die Titration erfordert besonders genaues und sauberes Arbeiten. Die Analysen mit einer Stoffprobe werden auch mehrmals durchgeführt, um Fehler beim Messen der Flüssigkeitsvolumina auszuschließen.
Die wichtigsten **Messgeräte** bei Titrationen sind Bürette, Messkolben bzw. Vollpipetten. Dies sind geeichte Glasgeräte. Genaue Volumina sind in Augenhöhe des Eichrings bzw. der Graduierung abzulesen (▸ **2**). Die Bürette wird vorsichtig mit einem Bürettenhalter am Stativ befestigt. Zur Feststellung des Verbrauchs an Maßlösung wird deren Stand in der Bürette zu Beginn und am Ende der Titration abgelesen. Das Ende der Titration wird durch die Farbänderung des Indikators angezeigt.
Ein Weithals-Erlenmeyerkolben, der auf einer weißen Unterlage, z. B. Filterpapier, steht, nimmt die zu untersuchende Stoffprobe auf. Die Bürette muss so am Stativ befestigt werden, dass ausreichend Raum zum Schwenken des Erlenmeyerkolbens während der Neutralisation gegeben ist.

**Durchführung der Titration** Experimentell soll die Konzentration einer Natriumhydroxidlösung durch Neutralisationstitration mit Salzsäure als Maßlösung ermittelt werden (▸ Exp. 13, S. 78; ▸ Methode, S. 83). Das Volumen der Analysenlösung wird mit einer Vollpipette exakt abgemessen. Die Titration erfolgt bis zum Neutralpunkt (Äquivalenzpunkt), an dem gilt:

$n(H^+) = n(OH^-)$.

Das verbrauchte Volumen an Maßlösung wird an der Skala der Bürette abgelesen und notiert. Durch Austausch von Maß- und Analysenlösung kann ebenso die Konzentration von Säuren bestimmt werden (▸ Exp. 14, S. 78).

**Der Neutralpunkt einer Säure-Base-Titration ist erreicht, wenn die zugegebene Stoffmenge an Wasserstoff-Ionen (bzw. Hydroxid-Ionen) der vorgelegten Stoffmenge an Hydroxid-Ionen (bzw. Wasserstoff-Ionen) entspricht.**

Der Verlauf einer Neutralisation kann auch mit einem pH-Messgerät verfolgt werden. Das Ergebnis der Messung ist in Abb. 7 dargestellt. Die Messwerte wurden mithilfe einer pH-Elektrode per Computer erfasst und grafisch ausgewertet (▸ 4). Hierbei wird über den Neutralpunkt hinaus titriert, um diesen in der grafischen Auswertung zu erkennen.

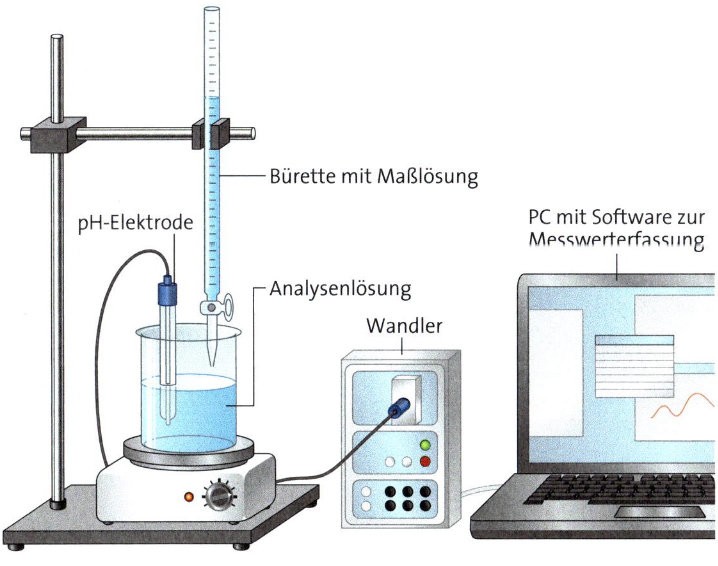


**4** Geräteanordnung bei der Durchführung einer Titration mit pH-Wert-Messung über den Computer

**Auswertung der Titration** Aus dem verbrauchten Volumen an Salzsäure ($c$ = 0,1 mol/l) lassen sich sowohl die Konzentration c der Natronlauge als auch die Stoffmenge $n$ und die Masse $m$ des in einem bestimmten Volumen $V$ gelösten Natriumhydroxids ermitteln (▸ **6**; ▸ Methode, S. 83). Nutzt man eine grafische Messwerterfassung, so entsteht eine **Titrationskurve**. Der Neutralpunkt liegt am Wendepunkt der Kurve, d. h. in der Mitte des steilen Anstiegs (▸ **7**).

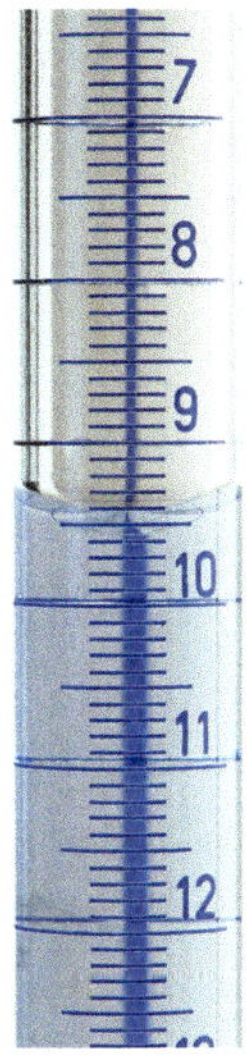

**5** An vielen Büretten erleichtert ein sogenannter *Schellbach-Streifen* das Ablesen des Volumens.

$n_1 = n_2$ ← $n = c \cdot V$

$c_1 = \frac{c_2 \cdot V_2}{V_1}$

$n_1 = c_2 \cdot V_2$ ← $n = \frac{m}{M}$

$m_1 = c_2 \cdot V_2 \cdot M_1$

**6** Auswertung einer Titration für eine Säure und eine Base im Stoffmengenverhältnis 1 : 1 – Berechnung der Stoffmengenkonzentration (oben) und der Masse (unten)

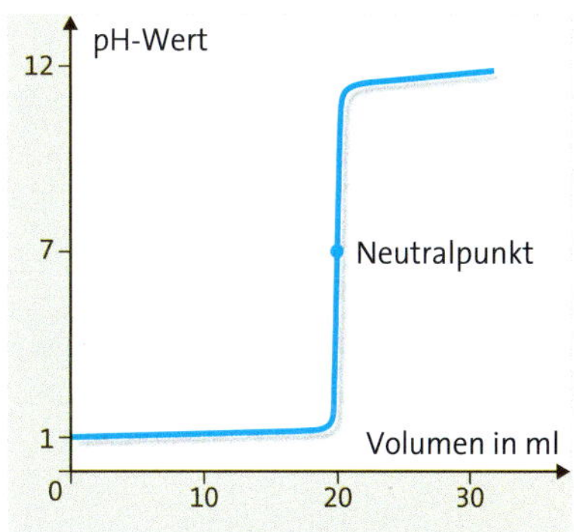


**7** Titrationskurve für die Titration von Salzsäure mit Natronlauge

| Ion | Relative Leitfähigkeit |
|---|---|
| Wasserstoff-Ion | 1,00 |
| Hydroxid-Ion | 0,56 |
| Natrium-Ion | 0,14 |
| Chlorid-Ion | 0,22 |

**2** Relative Leitfähigkeit der Ionen in Bezug zu Wasserstoff-Ionen

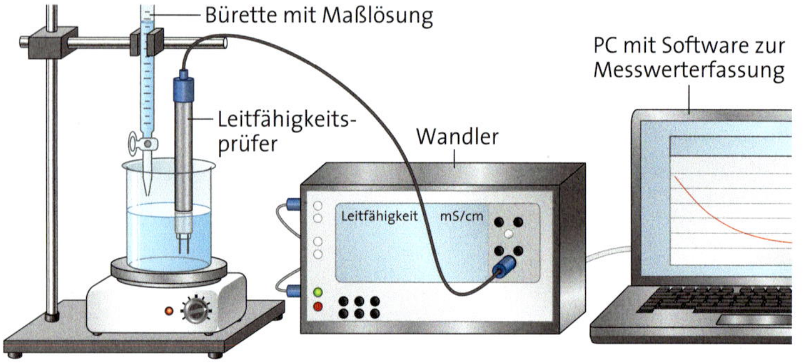


**1** Experimenteller Aufbau einer Leitfähigkeitstitration

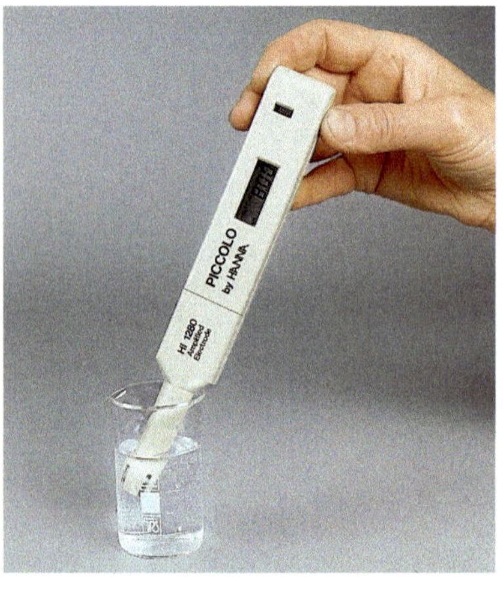


**3** Handhabung eines pH-Meters

**Leitfähigkeitstitration** Die Neutralisation einer sauren Lösung mit einer basischen Lösung kann auch durch die **Messung der elektrischen Leitfähigkeit** der Lösung verfolgt werden. Dazu nutzt man einen Leitfähigkeitsprüfer und einen an den PC angeschlossenen Wandler (▸**1**).

Die elektrische Leitfähigkeit einer Lösung wird durch frei bewegliche Ionen bedingt. Unter allen positiv elektrisch geladenen Ionen leiten die Wasserstoff-Ionen den elektrischen Strom am besten, unter den elektrisch negativ geladenen sind es die Hydroxid-Ionen (▸**2**).
Wird einer Wasserstoff-Ionen enthaltenden Lösung, z. B. Salzsäure, tropfenweise Natronlauge zugesetzt, nimmt die elektrische Leitfähigkeit der sauren Lösung ab. Mit jedem Tropfen Natronlauge reagieren die zugegebenen Hydroxid-Ionen mit den Wasserstoff-Ionen der Salzsäure zu Wassermolekülen. Die Zahl der Ionen in der Lösung bleibt dabei gleich, da jedes durch Neutralisation umgesetzte Wasserstoff-Ion durch ein Natrium-Ion „ersetzt" wird. Die geringere Leitfähigkeit der Natrium-Ionen bewirkt jedoch insgesamt eine Abnahme der elektrischen Leitfähigkeit. Wenn eine neutrale Lösung vorliegt, ist die Leitfähigkeit am geringsten. Die weitere Zugabe von Hydroxid-Ionen enthaltender Natronlauge bewirkt wieder ein Ansteigen der Leitfähigkeit. Die Leitfähigkeitstitration wird grafisch ausgewertet (▸**4**). Der Schnittpunkt der beiden Geraden entspricht dem Endpunkt der Neutralisation (▸Exp. 15, S. 78).

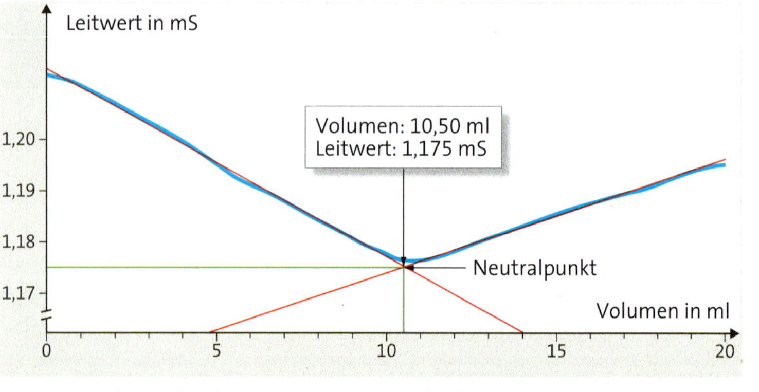


**4** Titrationskurve für die Titration von 100 ml Salzsäure mit Natronlauge $c = 0{,}1$ mol/l

## Aufgaben

**1** Berechne die Stoffmengenkonzentration von 250 ml Kalilauge, in der 2,8 g Kaliumhydroxid gelöst sind.

**2** Ermittle die Masse Natriumchlorid, die zur Herstellung von 2 Litern Kochsalzlösung der Konzentration $c = 0{,}5$ mol/l eingewogen werden muss.

**3** Zur Titration von 100 ml Natronlauge werden 12,5 ml Salzsäure ($c = 0{,}1$ mol/l) benötigt. Berechne die Stoffmengenkonzentration der Natronlauge.

**4** Berechne die Stoffmengenkonzentration $c$ an Salzsäure für das angegebene Beispiel (▸**2**).

# Ermitteln der Stoffmengenkonzentration durch Säure-Base-Titration

**In der Industrie, in Klärwerken oder Laboren ist es oft erforderlich, die genaue Konzentration einer sauren oder basischen Lösung zu bestimmen. Ein geeignetes Verfahren ist die Titration.**

Es soll die Stoffmengenkonzentration einer Salzsäure ermittelt werden.

**1 Fülle ein genau definiertes Volumen der zu untersuchenden Lösung ab.**
Miss mit einer Vollpipette genau 10 ml der Salzsäure ab und gib die abgemessene Lösung in einen Weithals-Erlenmeyerkolben.

**2 Versetze die zu untersuchende Lösung mit Indikator.**
Gib zu der Salzsäure einige Tropfen Bromthymolblaulösung.

**3 Stelle die Maßlösung bereit.**
Verwende als Maßlösung Natronlauge mit einer Stoffmengenkonzentration $c = 0{,}2\,\frac{\text{mol}}{\text{l}}$.

**1** Der Indikator Bromthymolblau schlägt von Gelb nach Grün um.

**4 Fülle die Bürette mit der Maßlösung auf.**

**5 Tropfe unter vorsichtigem Umschwenken – oder unter Verwendung eines Magnetrührers – aus der Bürette die Maßlösung zu, bis die Farbe des Indikators gerade umschlägt.**

**6 Lies den Endstand an der Bürette ab.**
Berechne aus der Volumendifferenz von Endstand und Anfangsstand den Verbrauch an Maßlösung. In unserem Beispiel wurden 22,9 ml Natronlauge verbraucht.

**7 Überprüfe das ermittelte Volumen an Maßlösung durch zwei weitere Titrationen.**
Bilde aus den Ergebnissen der drei Titrationen den Mittelwert für den Verbrauch an Maßlösung.

**8 Berechne die Stoffmengenkonzentration der zu untersuchenden Lösung.**

**Gegeben:** $c(\text{NaOH}) = 0{,}2\,\frac{\text{mol}}{\text{l}}$ **Gesucht:** $c(\text{HCl})$
$V(\text{HCl}) = 10\,\text{ml}$
$V(\text{NaOH}) = 22{,}9\,\text{ml}$

**Lösung:**

$$c(\text{HCl}) = \frac{c(\text{NaOH}) \cdot V(\text{NaOH})}{V(\text{HCl})}$$

$$c(\text{HCl}) = \frac{0{,}2\,\frac{\text{mol}}{\text{l}} \cdot 22{,}9\,\text{ml}}{10\,\text{ml}} = 0{,}46\,\frac{\text{mol}}{\text{l}}$$

**Ergebnis:** Die Stoffmengenkonzentration der Salzsäure beträgt $0{,}46\,\frac{\text{mol}}{\text{l}}$.

# Wasser ist nicht gleich Wasser

1 Elb-Florenz

„Alles wird durch Wasser erhalten!“ Diese Aussage macht JOHANN WOLFGANG VON GOETHE in seinem Hymnus über das Wasser und verdeutlicht einmal mehr die Bedeutung dieser chemischen Verbindung.

**Wasserarten** Man kann Wasser je nach Salzgehalt in Süß- und Salzwasser unterteilen (▸3). 70,3 % der Erdoberfläche sind von Wasser bedeckt. Hauptbestandteil des Meersalzes ist Kochsalz. Nur 0,3 % des Wasserreservoirs der Erde ist Süßwasser (▸4). Dies befindet sich als Oberflächenwasser in den Flüssen, wie der Elbe (▸1), und Seen, als Grundwasser unter der Erdoberfläche und in den Eismassen der Arktis und Antarktis. Auch zahlreiche Mineralien enthalten Wasser in Form von Kristallwasser. Grundwasser füllt die unterirdischen Hohlräume der Erdkruste aus. Es wird von den Niederschlägen und den Oberflächengewässern gespeist. Häufig ist es Grundlage der Trinkwasserversorgung und unterliegt in diesen Gebieten besonderen Schutzmaßnahmen.

| Güteklasse | 1 | 2 | 3 | 4 |
|---|---|---|---|---|
| Schadstoff-belastung | sehr gering | mäßig | hoch | sehr hoch |
| Ammonium-Ionen | < 0,1 | < 2 | > 2 | > 10 |
| Nitrat-Ionen | < 1 | < 5 | > 5 | > 5 |
| Phosphat-Ionen | < 0,03 | < 0,1 | < 1 | > 1 |

2 Wassergüteklassen für Fließgewässer, Stoffmengenkonzentration in mg/l

Die Qualität des Wassers wird durch vier Güteklassen charakterisiert (▸2). Mehrere chemische und biologische Parameter fließen in die Bestimmung der Gewässergüteklasse ein.

Aus unterirdischen, besonders geschützten Vorkommen wird Mineralwasser gewonnen. Es zeichnet sich je nach Entstehungsort durch einen bestimmten hohen Gehalt an Mineralsalzen aus und kann außerdem gelöstes Kohlenstoffdioxid enthalten. Der hohe Bedarf an Mineralwasser wird durch die Herstellung von „künstlichem Mineralwasser“, dem Tafelwasser, gedeckt. Im einfachsten Fall wird dazu Trinkwasser mit Kohlenstoffdioxid angereichert. Nach dem Lebensmittelrecht dürfen dem Tafelwasser auch bestimmte weitere Zusatzstoffe zugegeben werden.

Für manche Anwendungen, z. B. in der Pharmazie, wird Wasser benötigt, das von den meisten gelösten Stoffen befreit ist. Durch Destillation oder Entionisierung wird destilliertes bzw. demineralisiertes Wasser erzeugt.

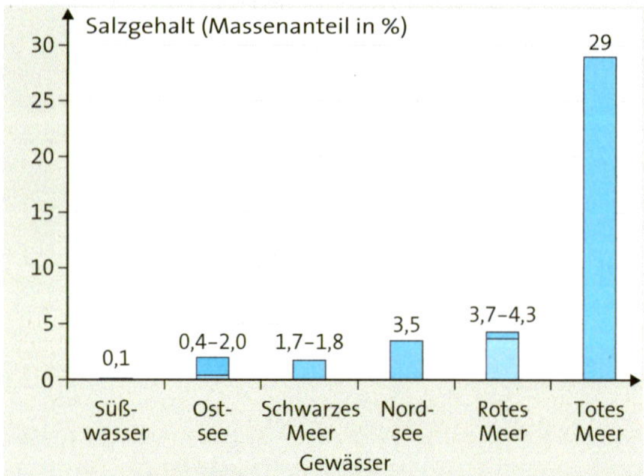


3 Salzgehalt verschiedener Gewässer

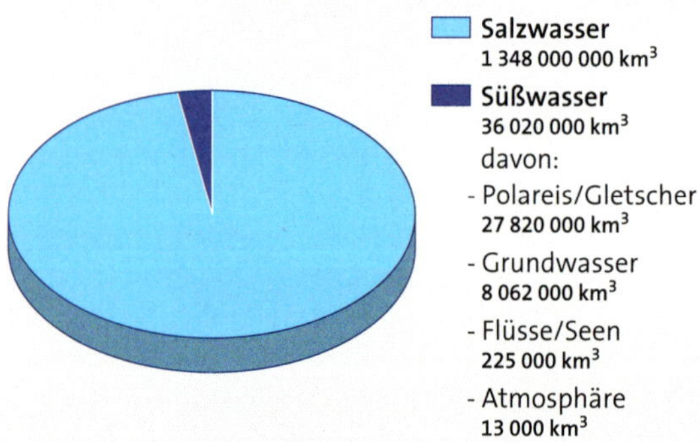


4 Wasservorkommen weltweit

**5** Wasser trinken aus dem Wasserhahn? In Deutschland ist dies ohne Weiteres möglich.

**Trinkwasseraufbereitung** Es gibt Anforderungen an die Qualität des Trinkwassers, die von einigen natürlichen Vorkommen nicht erfüllt werden. Mit chemischen, biologischen und physikalischen Methoden wird deshalb natürliches Wasser verändert.
Oberflächenwasser ist in Deutschland neben dem Grund- und Quellwasser eine wichtige Trinkwasserquelle. So wird das Dresdner Trinkwasser im Wasserwerk Hosterwitz aus dem Grundwasser des Schönfelder Hochlandes und den Uferfiltraten der Elbe gewonnen. Für gesundheitsgefährdende Kationen und Anionen im Trinkwasser gelten in den EU-Staaten strenge Grenzwerte (▸ 6)

**Grundlagen der Wasseruntersuchung** Um die Qualität des Wassers einschätzen zu können, sind gründliche Untersuchungen mikrobiologischer, chemischer und physikalischer Parameter notwendig.

| Ionen | Grenzwerte (in $\frac{mg}{l}$) |
|---|---|
| Ammonium-Ionen | 0,5 |
| Chlorid-Ionen | 250 |
| Nitrat-Ionen | 50 |
| Nitrit-Ionen | 0,5 |
| Sulfat-Ionen | 0,5 |
| pH-Wert (Wasserstoff-Ionen) | 6,5–9,5 |

**6** Grenzwerte Deutsche Trinkwasserverordnung vom 21.4.2001

Diese Parameter können für verschiedene Wasserarten sehr unterschiedlich sein. Für Trinkwasser gelten andere Grenzwerte als für natürliche Oberflächengewässer.
Die Proben zur Untersuchung der Wasserqualität werden zu unterschiedlichen Zeitpunkten und an unterschiedlichen Stellen eines Gewässers entnommen. Dadurch können auch Ursachen für eventuell abweichende Werte ergründet werden.

**pH-Wert** Lebewesen stellen aufgrund ihrer ökologischen Potenz bestimmte Anforderungen an den pH-Wert des Wassers. Das Optimum für die meisten Süßwasserfische liegt zwischen 6,3 und 8,0. Auch bei Trinkwasser sind bestimmte pH-Werte einzuhalten. Für natürliche, unbelastete Gewässer liegt die untere Grenze bei pH = 6,5 und die obere bei pH = 9. Problematisch sind vor allem zu niedrige pH-Werte. Bei Trinkwasser fördert eine solche Abweichung die Korrosion in Wasserleitungen und -behältern. In natürlichen Gewässern ist eine zu hohe Wasserstoff-Ionenkonzentration vor allem ökologisch problematisch. Für viele Wasserlebewesen – besonders Fische – liegt ein zu niedriger pH-Wert außerhalb ihres Toleranzbereichs.

**Exp. 1**

**Bestimmung des pH-Werts verschiedener Wasserproben**

Untersuche mit pH-Testpapier oder pH-Indikatorlösung verschiedene Wasserproben (Leitungswasser, entionisiertes Wasser, Brunnenwasser) und vergleiche die gemessenen pH-Werte.
*Entsorgung:* Lösungen ins Abwasser geben.

## Aufgaben

**1** Recherchiere, wo es in Sachsen natürliche Mineralwasserquellen gibt.

**2** Finde heraus, welche Wasserwerke für die Trinkwasserversorgung in deinem Heimatort zuständig sind.

**3** Nenne weitere Anwendungen für entionisiertes bzw. destilliertes Wasser.

**Ionen im Wasser** In jedem natürlichen Wasser sind verschiedene Ionen enthalten. Chlorid-Ionen und Sulfat-Ionen gelten als nicht gesundheitsschädlich. Nitrat-Ionen haben ein relativ hohes Gefährdungspotenzial für die Gesundheit des Menschen. Diese Ionen gelangen besonders durch die Landwirtschaft ins Trinkwasser.

Pflanzen nehmen den für die Proteinbiosynthese notwendigen Stickstoff überwiegend in Form von Nitrat-Ionen aus dem Boden auf. Bei intensiv betriebener Landwirtschaft wird dem Boden der Stickstoff zusätzlich über Mineraldünger oder Gülle zugeführt, der zum Teil auch in Gewässer oder ins Grundwasser gelangen kann.

**1** Düngung mit Gülle

**Exp. 2** **Nachweis von Ionen im Trinkwasser**

Untersuche Trinkwasser auf das Vorhandensein von Chlorid- und Sulfat-Ionen (▸ S. 75).
Prüfe mithilfe von Teststäbchen auch auf das Vorhandensein von Nitrit-, Nitrat- und Phosphat-Ionen.
Fasse deine Ergebnisse tabellarisch zusammen.
*Entsorgung:* Reste ins Abwasser geben.

**Sauerstoffgehalt des Wassers** Wassertiere benötigen Sauerstoff, den sie direkt über ihre Kiemen aus dem Wasser aufnehmen. Die Sättigungskonzentration des Sauerstoffs sinkt mit zunehmender Wassertemperatur (▸ 2). Auch eine hohe Belastung eines Gewässers mit organischen Stoffen führt zu einer Verringerung des Sauerstoffanteils.

Die organischen Stoffe werden chemisch und biochemisch mithilfe des Sauerstoffs umgesetzt. Somit ist die Messung des Sauerstoffdefizits ein Maß für die Belastung eines Gewässers mit organischen Substanzen. Zur Messung der organischen Belastung eines Gewässers kann auch die Sauerstoffzehrung genutzt werden. Dazu misst man 2 bzw. 5 Tage nach Probenahme nochmals den Sauerstoffgehalt und erhält den biochemischen Sauerstoffbedarf BSB-2 bzw. BSB-5.

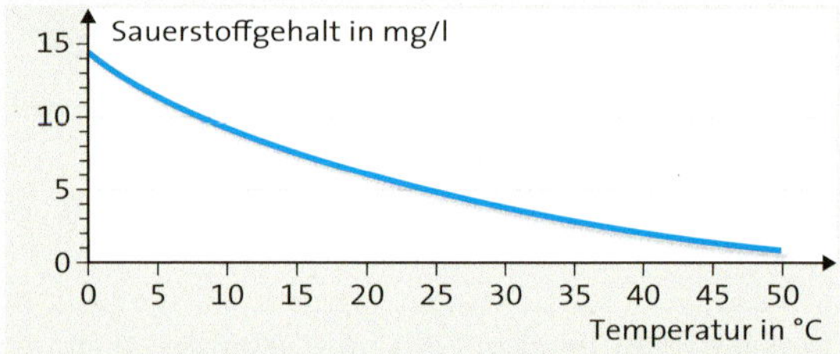


**2** Sauerstoffsättigung von Wasser in Abhängigkeit von der Temperatur

**Exp. 3** **Bestimmung des Sauerstoffgehalts einer Wasserprobe**

Miss zunächst die Temperatur des Gewässers, aus dem du die Wasserprobe entnimmst. Achte bei der Probenahme darauf, dass keine Luftblasen im Wasser miteingeschlossen sind. Fülle drei Glasflaschen vorschriftsmäßig mit Wasser. Führe mit einer der drei Wasserproben die Bestimmung entsprechend der Anleitung mit den Reagenzien des Wasseranalysesets durch. Bestimme das Sauerstoffdefizit des Wassers. Deute das Ergebnis.
*Entsorgung:* Reste ins Abwasser geben.

| Sauerstoffsättigung bei 15 °C | |
|---|---|
| Sollwert | $9{,}8\,\frac{mg}{l}$ |
| Analysewert | $7{,}9\,\frac{mg}{l}$ |

| Sauerstoffdefizit (SW–AW) | |
|---|---|
| absolut | $9{,}8 - 7{,}9 = 1{,}9\,\frac{mg}{l}$ |
| in Prozent | $1{,}9\,\frac{mg}{l} \cdot \frac{100\,\%}{9{,}8\,\frac{mg}{l}} = 19{,}38\,\%$ |

**3** Beispielrechnung zur Ermittlung des Sauerstoffdefizits einer Wasserprobe bei 15 °C

**Wasserhärte** Ob Wasser „weich“ oder „hart“ ist, ist abhängig von dem Massenanteil der Calcium- und Magnesium-Ionen. Zur quantitativen Angabe der Wasserhärte werden die Härtegrade genutzt. 1 Grad deutscher Härte (1 °dH) bedeutet, dass in einem Liter Wasser 7,18 mg Calcium-Ionen gelöst sind. Die Summe der im Wasser vorhandenen Calcium- und Magnesium-Ionen wird als Gesamthärte bezeichnet.
Hartes Wasser kann den Waschprozess stark beeinträchtigen. Wäscht man sich mit hartem Wasser und Seife die Hände, so werden die waschaktiven Substanzen durch die Erdalkalimetall-Ionen in einer Fällungsreaktion gebunden und sind somit nicht wirksam (▸ Exp. 4).
Um beim Waschen die Zerstörung der waschaktiven Substanzen zu verhindern, muss die Konzentration der Erdalkalimetall-Ionen im Wasser verringert werden. Substanzen, die dies ermöglichen, heißen Wasserenthärter. Diese binden die Calcium- und Magnesium-Ionen, sodass sie nicht mehr mit den waschaktiven Substanzen reagieren können. Die meisten Waschpulver und Flüssigwaschmittel enthalten neben den waschaktiven Substanzen solche Wasserenthärter. Bei besonders hartem Wasser können Wasserenthärter noch gesondert zugesetzt werden.

| Härtegrad | Gesamthärte (in °dH) | Bezeichnung |
|---|---|---|
| 1 | bis 7 | weich |
| 2 | >7 bis 14 | mittelhart |
| 3 | >14 bis 21 | hart |
| 4 | >21 | sehr hart |

**4** Gesamthärte des Wassers und deutsche Härtegrade

**Exp. 4** **Vergleich der Waschwirkung von weichem und hartem Wasser**

Fülle zwei Reagenzgläser zu je einem Drittel mit Leitungswasser und versetze eine dieser Wasserproben mit einem Spatel Calciumchlorid (GHS07). Gib in beide Reagenzgläser einen Spatel geraspelte Seife und schüttle kräftig. Vergleiche und interpretiere deine Beobachtungen.
*Entsorgung:* Lösungen ins Abwasser geben.

**Exp. 5** **Bestimmung der Wasserhärte mithilfe der Titration**

Bestimme die Wasserhärte von Leitungswasser bzw. Regenwasser. Löse dazu in einem Erlenmeyerkolben mit genau 100 ml Wasser eine Indikatorpuffertablette. Gib nach dem Auflösen unter dem Abzug 1 ml konzentrierte Ammoniaklösung (GHS05) zu. Fülle die Bürette mit EDTA-Lösung ($c$ = 0,1 mol/l) als Maßlösung. Titriere nun so lange, bis die Farbe der Lösung im Erlenmeyerkolben von Weinrot nach Graugrün umschlägt.
Berechne die Gesamthärte der Wasserprobe.
Dabei gilt: $n(\text{EDTA}) = n(Ca^{2+})$
1 °dH = 0,1783 mmol $Ca^{2+}$
Begründe verschiedene Messergebnisse der unterschiedlichen Wasserproben.
*Entsorgung:* Lösungen ins Abwasser geben.

**Exp. 6** **Bestimmung der Wasserhärte nach Zusatz von Soda**

Versetze 100 ml Leitungswasser mit 1 g Soda (Natriumcarbonat; GHS07). Lass die Probe einen Tag in einem geschlossenen Gefäß stehen. Filtriere nun die Lösung und bestimme wie im Exp. 5 die Wasserhärte des Filtrats. Vergleiche das Messergebnis mit dem aus Exp. 5.
*Entsorgung:* Lösung ins Abwasser geben.

## Aufgaben

**1** Nenne für einige Metall-Ionen die Grenzwerte der Trinkwasserverordnung. Gib an, welche Wirkungen diese Ionen im menschlichen Körper haben können.

**2** Erkläre den Weg zur Berechnung der Sauerstoffzehrung, wenn der Sauerstoffgehalt vom Zeitpunkt $t = 0$ und nach 48 h bekannt ist.

**3** Informiere dich in der Inhaltsangabe auf Waschmittelverpackungen über die im jeweiligen Waschmittel verwendeten Wasserenthärter.

**4** Berechne die Masse an Calcium-Ionen in einem Wasser mit 10 °dH.

# Den Stoffen analytisch auf der Spur

**Analyse**

Ermittlung der Zusammensetzung von Stoffen.
Man unterscheidet die qualitative von der quantitativen Analyse.

**Qualitative Analyse**

Bestimmung der Bestandteile eines Stoffgemischs oder eines reinen Stoffes mithilfe chemischer Reaktionen mit Nachweisreagenzien oder physikalisch-chemischer Verfahren

**Qualitatives analytisches Arbeiten**

Nachweisreaktionen für anorganische Stoffe – Ionen

| Vorproben | Farbreaktionen | Fällungsreaktionen |
|---|---|---|
| – Flammenfärbung<br>– Phosphorsalzperle | – Indikatoren<br>– Teststäbchen | – Anionennachweis<br>– Kohlenstoffdioxidnachweis |

Weitere Analysen beziehen sich z. B. auf:
- Nachweisreaktionen für Gase
- Identifizierungsreaktionen für organische Stoffe (Moleküle bzw. Atomgruppen)

**Quantitative Analyse**

Bestimmen von Masse, Stoffmenge, Volumen oder Stoffmengenkonzentration eines Stoffes in einer Lösung oder einem anderen Stoffgemisch

**Stoffmengenkonzentration**

Quotient aus der Stoffmenge $n$ des gelösten Stoffes und dem Volumen $V$ der Lösung

$c = \frac{n}{V}$ Einheit: $1\,\frac{\text{mol}}{\text{l}}$; $1\,\frac{\text{mmol}}{\text{l}}$

**Titration**

Maßanalyse, bei der über eine Volumenmessung die Stoffmengenkonzentration einer unbekannten Lösung bestimmt werden kann

**Quantitatives analytisches Arbeiten**

z. B. bei einer Neutralisationsanalyse. Der Neutralpunkt kann mithilfe eines Indikators oder einer pH-Elektrode bzw. durch Leitfähigkeitstitration bestimmt werden.

**Sichern der Analysenergebnisse**

Auswählen der Maßlösung, Ermitteln des Verbrauchs an Maßlösung für die Neutralisation der vorgelegten zu untersuchenden Stoffprobe, Berechnen von:

Konzentration: $\text{c(Analysenlösung)} = \frac{c(\text{Maßlösung}) \cdot V(\text{Maßlösung})}{V(\text{Analysenlösung})}$

Stoffmenge: $n(\text{Analysenlösung}) = c(\text{Maßlösung}) \cdot V(\text{Maßlösung})$

Masse: $m(\text{Stoffportion}) = c(\text{Maßlösung}) \cdot V(\text{Maßlösung}) \cdot M(\text{Stoff})$

# Aufgaben

**1** Sind die folgenden Aussagen richtig? Korrigiere falsche Aussagen.
- **a** Das Ersticken einer Flamme ist ein Nachweis für Kohlenstoffdioxid.
- **b** Das Ansäuern erfolgt stets mit der Säure, die das nachzuweisende Ion enthält.
- **c** Ionensubstanzen sind Stoffe mit hohen Siedetemperaturen.
- **d** Flammenfärbungen dienen als Vorprobe für verschiedene Metall-Ionen.
- **e** Für die Fällung von 1 mol Silberbromid werden 2 mol Silbernitratlösung benötigt.
- **f** Niederschläge von Bariumcarbonat und -sulfat sind durch ihre unterschiedliche Löslichkeit bei niedrigen pH-Werten unterscheidbar.
- **g** Die Einheit der Stoffmengenkonzentration ist l/mol.

**2** Erläutere das experimentelle Vorgehen zur Unterscheidung der folgenden Stoffe:
- **a** Stickstoff und Kohlenstoffdioxid
- **b** Kaliumchlorid und Natriumchlorid
- **c** Natriumchlorid und Natriumiodid
- **d** Natriumchlorid und Silberchlorid

**3** Beschreibe dein Vorgehen zur eindeutigen Unterscheidung von Kaliumchlorid, Kaliumsulfat, Natriumchlorid und Natriumsulfat.

**4** Definiere den Begriff Fällungsreaktion. Gib dafür ein Beispiel an und formuliere die Ionen- und die verkürzte Ionengleichung.

**5** Formuliere für drei Anionen, die durch Fällungsreaktionen nachgewiesen werden können, die chemischen Gleichungen in Ionenschreibweise. Nenne jeweils die Beobachtung, die auf das entsprechende Ion hinweist.

**6** Erläutere dein Vorgehen, um beide Ionen im Silbercarbonat nachzuweisen.

**7** Begründe die besondere Eignung der Salpetersäure für das Ansäuern.

**8** Begründe mindestens vier Regeln, die beim analytischen Arbeiten zu beachten sind.

**9** Welche Massen der folgenden Stoffe müssen eingewogen werden, um jeweils einen halben Liter Lösung dieser Stoffe der Stoffmengenkonzentration $c$ = 0,01 mol/l herzustellen?
- **a** Kaliumsulfat
- **b** Magnesiumchlorid
- **c** Citronensäure ($C_6H_8O_7$)

**10** In einer basischen Lösung der Konzentration $c$ = 0,25 mol/l sind 3,5 g eines Metallhydroxids in 250 ml der Lösung enthalten. Ermittle mithilfe einer Berechnung, um welches Metallhydroxid es sich handelt.

**11** Vergleiche die beiden Möglichkeiten zur quantitativen Bestimmung von Säuren und Basen.

**12** Für die Neutralisation von je 100,0 ml Natronlauge werden in drei Titrationen die folgenden Volumina an Salpetersäure ($c$ = 1 mol/l) benötigt: 15,2 ml, 15,1 ml, 15,6 ml.
- **a** Ermittle das durchschnittliche Volumen an verbrauchter Maßlösung.
- **b** Berechne die Konzentration $c$ der Natronlauge sowie die Stoffmenge $n$ und die Masse $m$ an Natriumhydroxid in der eingesetzten Analysenlösung.
- **c** Welches durchschnittliche Volumen an Schwefelsäure hätte man für die Analyse der Natronlauge benötigt? Begründe.

**Hilfe zu den Aufgaben findest du auf den Seiten ...**

| | | | |
|---|---|---|---|
| 1a | 67, 73 | 3 | 72 f. |
| 1b | 74 | 4 | 72 |
| 1c | 67 | 5 | 72 f. |
| 1d | 70 | 6 | 72 f. |
| 1e | 72 | 7 | 74 |
| 1f | 73 | 8 | 74 |
| 1g | 79 | 9 | 79 |
| 2a | 67, 73 | 10 | 79 |
| 2b | 70 | 11 | 80–82 |
| 2c | 72 | 12 | 79–81 |
| 2d | 72 | | |

## Material A: Farblose Lösungen

Ein Laborant hat es bei der Herstellung von fünf Lösungen versäumt, diese rechtzeitig zu beschriften. Um die Lösungen von Natriumchlorid, Natriumbromid, Natriumiodid, Blei(II)-nitrat und Silbernitrat wieder zuordnen zu können, lässt er jeweils einige Tropfen der Lösungen I bis V miteinander reagieren und erhält Niederschläge folgender Farben:

| | II | III | IV | V |
|---|---|---|---|---|
| I | – | (?) | schwach gelblich | – |
| II | | weiß | (?) | – |
| III | | | – | gelb |
| IV | | | | gelblich |

**A1** Reaktionen und Farben von Niederschlägen

Blei(II)-halogenide sind schwer wasserlöslich.
Sie haben folgende Farben:
Blei(II)-chlorid: weiß
Blei(II)-bromid: weiß
Blei(II)-iodid: gelb

**A2** Farben von Bleihalogenid-Niederschlägen

**1** Deute die Beobachtungen und ordne den Gefäßen I bis V die richtige Lösung zu (▸ **A1, A2**).

**2** Welche Beobachtungen waren bei den Reaktionen I + III (?) und II + IV (?) möglich (▸ **A1**)?

**3** Entwickle für alle stattgefundenen Reaktionen die vollständigen und die verkürzten Ionengleichungen (▸ **A1, A2**).

**4** Beweise an einer der Reaktionen das Vorliegen einer Fällungsreaktion (▸ **A1**).

**5** Berechne die Konzentration des Salzes in der Lösung II, wenn in 100 ml 5,85 g des Salzes gelöst wurden (▸ **A1**).

---

## Material B: Essig

**Aus der „Verordnung über den Verkehr mit Essig und Essigessenz“ von 1972**

§ 1 (1) „Essig im Sinne dieser Verordnung ist das Erzeugnis, das in 100 Millilitern mindestens 5 Gramm und höchstens 15,5 Gramm Säure, berechnet als wasserfreie Essigsäure, enthält.“

In Deutschland sind handelsübliche Essigsorten 5- bis 6%ig. Während Essig heute überwiegend zum Konservieren und Würzen von Speisen genutzt wird, war es seit dem Altertum auch als Heil- und Desinfektionsmittel im Einsatz.

**B1** Definition und Verwendung von Essig

Maßlösung: $c(\text{NaOH}) = 0{,}1\,\frac{\text{mol}}{\text{l}}$
Analysenlösung: 20 ml Essig, 1 : 10 mit $H_2O$ verdünnt
Verbrauch Maßlösung bis zum Neutralpunkt: 18,8 ml

**B2** Ergebnis einer Titration von Speiseessig

**1** Rechne die Angaben in der links stehenden Verordnung in die Stoffmengenkonzentration um (▸ **B1**). (*Hinweis:* Vereinfacht kann eine Dichte des Essigs von $\varrho = 1\,\text{g/ml}$ angenommen werden.)

**2** Entwickle die Ionengleichung für die durchgeführte Titration (▸ **B2**).

**3** Berechne die Stoffmengenkonzentration des unverdünnten Essigs (▸ **B2**).

**4** Beweise durch Berechnung, dass es sich beim untersuchten Essig um einen handelsüblichen deutschen Essig handelt (▸ **B1, B2**).

## Material C: Hartes und weiches Wasser

Im Wasserwerk Dresden-Coschütz wird überwiegend Wasser aus der Trinkwassertalsperre Klingenberg im Osterzgebirge aufbereitet.

| Anzahl der Messungen | Minimaler Wert in mg $Ca^{2+}$/l | Maximaler Wert in mg $Ca^{2+}$/l | Durchschnitt in mg $Ca^{2+}$/l |
|---|---|---|---|
| 70 | 36,88 | 42,66 | 40,74 |

**C1** Messungen der Wasserhärte im Wasserwerk Dresden-Coschütz 2014 (Quelle: DREWAG)

| Härtebereich | weich | mittelhart | hart | sehr hart |
|---|---|---|---|---|
| °dH | <7 | 7–14 | 14–21 | >21 |

**C2** Härtebereiche des Wassers

*„Die Bezeichnung „hart“ stammt aus der Chemie und meint besonders kalkhaltiges Wasser. Kalkhaltiges Wasser löst sich schlecht mit Seife und bildet weniger Schaum.“*

**C3** Aus einer Internetseite für Kinder zum Thema „Was ist hartes Wasser?“

**C4** Weiße Ablagerungen an einem Wasserhahn

**1** Rechne die Angaben in Material **C1** in die Härtegrade um (0,178 mmol $Ca^{2+} \triangleq 1\,°dH$). Beurteile den Härtegrad des Coschützer Trinkwassers (▸ **C2**).

**2** Erläutere die einfachen, an Kinder gerichtete Aussagen in Material **C3** auf der Grundlage chemischer Reaktionen. (*Hinweis:* Seifen sind Alkalimetallsalze von Fettsäuren, z. B. Natriumstearat $[NaC_{17}H_{35}COO]$). Beschreibe an den Beispielen das Wesen einer Fällungsreaktion.

**3** Beschreibe dein Vorgehen, um zu beweisen, dass es sich bei den schwer löslichen Ablagerungen an einem Wasserhahn um Kalk handelt (▸ **C4**).

---

## Material D: Säuregehalt von Weinen

Weine enthalten neben Weinsäure auch Äpfelsäure, Milchsäure und schweflige Säure.

```
HOOC – CH – CH – COOH
        |    |
        OH   OH
```

**D1** Strukturformel der Weinsäure

Durch Titration einer Weinprobe mit einer Lauge werden alle titrierbaren Säuren des Weins erfasst. Die einheitliche Bezugsgröße ist in Deutschland die Weinsäure, d. h., die Gesamtsäuren werden als Weinsäure berechnet. Bei einer thermometrischen Titration wird die Temperaturänderung, die durch die chemische Reaktion hervorgerufen wird, zur Bestimmung des Neutralpunkts herangezogen.

**D2** Bestimmung des Säuregehalts von Wein durch thermometrische Titration

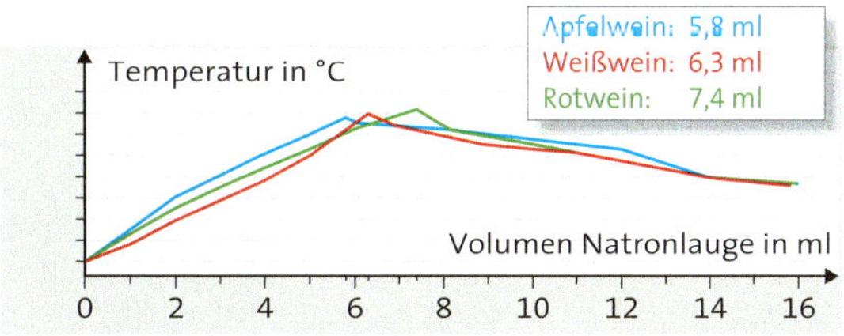


**D3** Es werden jeweils 25 ml Wein gegen Natronlauge (c = 0,33 mol/l) titriert.

**1** Entwickle die Reaktionsgleichung für die Reaktion von Weinsäure mit Natronlauge (▸ **D1, D2**).

**2** Begründe die Änderung der Temperatur im Verlauf der Neutralisationsreaktion und diskutiere die Kurven (▸ **D3**).

**3** Berechne den Gehalt (in g/l) an Weinsäure in den untersuchten Proben (▸ **D2**).

**4** Skizziere den möglichen Verlauf bei einer Leitfähigkeitstitration.

# Moderne Werkstoffe – Kunststoffe

Ob beim Segeln, Radfahren oder im Fitnessstudio – sowohl die Ausrüstung als auch die Bekleidung werden aus den unterschiedlichsten Kunststoffen hergestellt. Viele Massenprodukte wie Zahnbürsten entstehen aus farbigem Kunststoffgranulat. Aber auch bei Hightechprodukten wie Smartphones sind Kunststoffe unentbehrlich.
Kein Wunder also, wenn wir davon sprechen, im „Zeitalter der Kunststoffe“ zu leben.

# Von Kunststoffen umgeben

**1** Kunststoffverpackungen für Lebensmittel

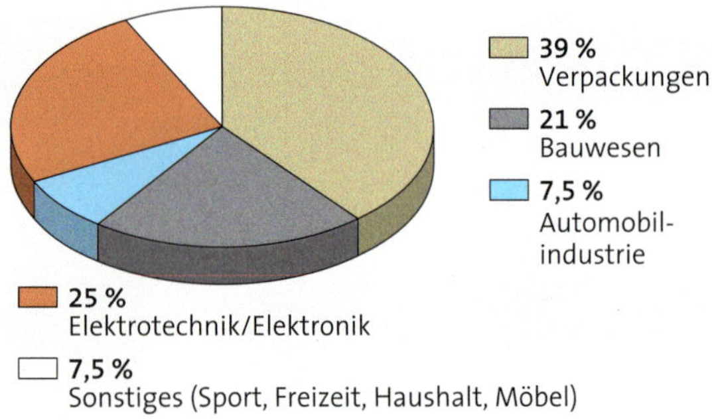


**2** Einsatzgebiete für Kunststoffe in Europa

**Kunststoffe für Folien und Verpackungen** Optimale Funktionalität bei einem möglichst geringen Materialverbrauch stellt hohe Anforderungen an Verpackungsmaterialien. Kunststoffe erfüllen diese häufig.

Joghurt kommt in etwa 5 g schweren Bechern aus **Polystyren** (Polystyrol, PS) zum Verbraucher. Die Schokolade ist in einer 1,5 g schweren **Polypropen**-Folie (PP) verpackt. Und der Frischhaltebeutel aus **Polyethen** (PE) wiegt ganze 1,2 g. Wurst, Fleisch und Gemüse werden häufig in Folien aus einem zweilagigen Kunststoff verpackt. Die erste Schutzschicht aus Polyethen hält die Feuchtigkeit zurück. Die zweite Sperrschicht, häufig aus **Polyamid** (PA), ist für den Luftsauerstoff undurchlässig.

**Kunstfasern** Auf dem Textilmarkt findet sich eine Vielzahl verschiedener synthetischer Fasern. **Polyester** ist eine reißfeste, leichte Textilfaser, die kaum Wasser aufnimmt und pflegeleicht ist. **Polyamid** (Nylon, Perlon) ist eine reiß- und scheuerfeste Faser. Sie wird nicht nur für Kleidung, sondern auch für Seile, Netze oder in Autoreifen eingesetzt. Werden Polyester- und Polyamidfasern fein miteinander verwoben, erhält man **Mikrofasern**. Bekleidung aus Mikrofasern ist weich, wasserabweisend und winddicht.

**3** Kletterseil aus Polyamid

**Exp. 1** **Herstellen eines Lacks aus Kunststoffabfällen**

Zerlege die Verpackung aus Polystyren oder Styropor in kleine Stücke und gib sie in ein Becherglas. Übergieße die Stücke mit 20 ml Essigsäureethylester (GHS02|07) und rühre mit einem Glasstab. Bestreiche mit dieser Lösung nach ca. 1 min einen Pappstreifen oder ein Holzbrett. Lass die Proben trocknen und untersuche die Oberfläche.
Deute deine Beobachtungen.
*Entsorgung:* Feststoffe in den Hausmüll geben.

**Exp. 2** **Untersuchen von Siliconkautschuk**

Presse aus einer Kartusche aus dem Baumarkt eine etwa 5 cm lange Siliconkautschukprobe (GHS02|07|08|09) auf eine Pappe. Benetze im Anschluss zwei Kunststoffproben mit Wasser und verbinde sie mit dem Kautschuk.
Notiere deine Beobachtungen.
Stelle Einsatzmöglichkeiten des Kunststoffs zusammen.
*Entsorgung:* Feststoffe in den Hausmüll geben.

**4** Synthetische Klebstoffe

**Synthetische Klebstoffe** Natürliche Klebstoffe wie Stärkekleister oder Kautschuk werden oft durch leistungsfähige Kunststoffe und synthetische Harze wie Epoxydharze (EP), Polyesterharze (UP) oder Silicone (SI) ersetzt. Bei Ein- oder Mehrkomponentenklebern wird das hochmolekulare Bindemittel aus kleinen reaktionsfreudigen Molekülen, den Monomeren, aufgebaut und räumlich vernetzt.

**Spezialkunststoffe** Mechanisch sehr belastbare **Verbundstoffe** bieten optimale Voraussetzungen für den Einsatz im Sport. Moderne Fußbälle werden aus mehreren Kunststoff- und Gewebelagen gefertigt. Die Außenhaut ist aus einer **Polyurethan**-Paste geschäumt, die Millionen von mikroskopisch kleinen gasgefüllten Kugeln enthält. Nach einem Schuss nimmt der Ball sofort wieder seine ursprüngliche Form an. **Glasfaserverstärkte Kunststoffe** (GfK) haben ein geringes Gewicht und sind äußerst stabil.

**Exp. 3** **Untersuchen von Polyurethan-Bauschaum**

*Vorsicht! Schutzbrille und -handschuhe!* Achte darauf, dass du nicht mit dem Bauschaum in Berührung kommst. Lies die Informationen auf der Dose sorgfältig durch. Benetze ein großes Stück Pappe mit Wasser. Sprühe auf den feuchten Untergrund eine erbsengroße Menge Bauschaum (GHS07|08).
Notiere deine Beobachtungen.
Nenne Einsatzmöglichkeiten von Polyurethan-Bauschaum.
*Entsorgung:* Feststoffe in den Hausmüll geben.

**Info 1** **Biokunststoffe**

Biokunststoffe werden aus nachwachsenden Rohstoffen erzeugt. Beispielsweise sind Milchkunststoffe seit dem 16. Jahrhundert bekannt. Industriell hergestellt wurden sie erstmals Ende des 19. Jahrhunderts als Galalith, in den 1950er Jahren jedoch von Kunststoffen auf Erdölbasis abgelöst. Polymilchsäure (PLA) als bekanntester Vertreter ist kompostierbar. Sie ist klar und farblos, besitzt eine mittlere Sprödigkeit, gute mechanische Eigenschaften, hohe Kapillarwirkung und geringe Flammbarkeit. PLA ist jedoch hygroskopisch, weshalb sie vor der Verarbeitung getrocknet werden muss.

**Exp. 4** **Kunststoff aus Milch**

Gib 250 ml frische 3,5%ige Milch in ein Becherglas und versetze sie mit verdünntem Essig. Erwärme das Gemisch unter Rühren auf ca. 50 °C – es darf nicht anfangen zu kochen. Gieße das Gemisch danach durch ein feines Sieb und trockne die Masse.
Notiere deine Beobachtungen.
Nenne Eigenschaften des Reaktionsprodukts.
*Entsorgung:* Feststoffe in den Hausmüll geben.

## Aufgaben

**1** Stelle Vor- und Nachteile ausgewählter Verpackungsmaterialien einander gegenüber. Nenne Möglichkeiten, wie sich Verpackungen einsparen lassen.

**2** Nenne mögliche Einsatzgebiete von glasfaserverstärkten Kunststoffen und anderen Verbundstoffen.

**3** Untersuche eine Sportart in Bezug auf die Entwicklung der verwendeten Ausrüstung. Gib an, welche Sportarten ohne Kunststoffe kaum denkbar sind. Fasse deine Ergebnisse tabellarisch zusammen.

**4** Begründe mithilfe der Eigenschaften von Polymilchsäure, warum sich dieser Kunststoff zur Verarbeitung von Hygieneprodukten wie Windeln, in der Bekleidungsindustrie als Garn oder in der Biomedizin als Implantat eignet.

# Eigenschaften von Kunststoffen

## Exp. 1 Untersuchen von Polyethen (PE) und Polypropen (PP)

Untersuche durch mehrmaliges Knicken die Elastizität und Bruchfestigkeit der Kunststoffe. Betrachte das Bruchbild. Ritze die Kunststoffe mit dem Fingernagel und mit einem Stahlnagel. Prüfe den Klang, wenn du die Proben fallen lässt, und die Lichtdurchlässigkeit.
Gib einige Tropfen Essigsäureethylester (GHS02|07) oder Aceton (GHS02|07) auf die Proben.
Fasse deine Beobachtungen und Ergebnisse in einer Tabelle zusammen.
*Entsorgung*: Feststoffe in den Hausmüll geben.

## Exp. 2 Verhalten von Kunststoffen gegenüber Lösungsmitteln, Säuren und Laugen

Versetze jeweils 5 g einer Kunststoffprobe in einem Reagenzglas mit 2 ml Propan-1-ol (GHS02|05|07) bzw. Heptan (GHS02|08|07|09) und verschließe die Reagenzgläser. Prüfe nach mehreren Tagen die Proben. Wiege die Proben nach dem Trocknen. Wiederhole den Versuch mit 10%iger Salzsäure (GHS07) und 10%iger Natronlauge (GHS05). Fertige ein Protokoll an.
*Entsorgung:* Feststoffe in den Hausmüll, organische Lösungen in den Behälter für halogenfreie organische Abfälle, Säurelösungen in den Behälter für saure und alkalische Lösungen geben.

## Exp. 3 Hitzebeständigkeit von Kunststoffbechern

Fülle verschiedene Kunststoffbecher (z. B. Joghurt- oder Getränkebecher oder Kunststoffgeschirr) mit heißem Wasser, das du vorher im Wasserkocher erhitzt hast.
Notiere deine Beobachtungen.
Ordne die Stoffproben nach ihrem thermischen Verhalten.
Entscheide, welche Kunststoffbecher für die Aufbewahrung von Heißgetränken geeignet sind.
*Entsorgung*: Feststoffe in den Hausmüll geben.

## Exp. 4 Herstellen eines Polyesters

Gib in ein trockenes Reagenzglas 2 g Citronensäure und versetze diese mit 1 ml Glycerin (oder 5 g Citronensäure und 5 g Sorbit). Vermische die Stoffe mit einem Holzstab. Erhitze das Reagenzglas langsam unter Schütteln über kleiner Flamme und lass das Gemisch 2 min sieden. Achte darauf, dass es sich nicht verfärbt. Lass kurz abkühlen und ziehe mit dem Holzstab Fäden heraus. Vergleiche experimentell die Wasserlöslichkeit der Ausgangsstoffe und des Reaktionsprodukts.
*Entsorgung:* Feststoffe in den Hausmüll geben.

## Exp. 5 Modellversuch zur Trennung von Kunststoffabfällen

Fülle ein 600-ml-Becherglas halb voll mit Wasser. Lege die mit PE, PS und PVC gekennzeichneten Stoffproben in das Wasser. Beobachte. Gib nun jeweils einen Löffel Kochsalz hinzu, rühre gut um und beobachte.
Wiederhole den Vorgang 8-mal. Deute das Ergebnis.
*Entsorgung:* Stoffproben sind wiederverwendbar, Salzwasser ins Abwasser geben.

## Exp. 6 Schwimmprobe

Drei Bechergläser sind wie folgt gefüllt:
A 50 ml Wasser $\hat{=}$ 1 g/cm$^3$
B 50 ml Wasser mit 15 g Kochsalz $\hat{=}$ 1,17 g/cm$^3$
C 50 ml Wasser mit 20 g Natriumthiosulfat $\hat{=}$ 1,37 g/cm$^3$
Schneide kleine, gleich große Stückchen Kunststoffproben aus und gib sie zunächst in das Becherglas A. Falls die Probe untergeht, trockne sie ab und gib sie in das Becherglas B. Falls die Probe auch hier untergeht, spüle sie, trockne sie ab und gib sie in das Becherglas C.
Stelle deine Beobachtungen in einer Tabelle zusammen. Schätze daraus die Dichte der Kunststoffe ab.
*Entsorgung:* Stoffproben sind wiederverwendbar, Flüssigkeiten ins Abwasser geben.

# Kunststoff ist nicht gleich Kunststoff

1 Kunststoffe machen das Autofahren angenehmer und sicherer.

**Rund 200 kg Kunststoffe stecken in einem Mittelklassewagen. Sie polstern das Armaturenbrett und das Lenkrad aus. Der Airbag aus Kunststofffasern befindet sich in einem Kunststoffgehäuse und die Lenksäule ist von Kunststoff ummantelt. Kraftstofftanks, Stoßdämpfer, Karosserieteile und vieles mehr bestehen aus unterschiedlichen Kunststoffen.**

**Eigenschaften der Kunststoffe** Kunststoffe können, je nach Anwendungsbereich, verformbar, elastisch oder steif, kratzfest oder weich, säure- oder laugenbeständig, isolierend oder leitend, transparent oder intransparent sein. Alle Kunststoffe besitzen eine geringe Dichte und sind gegenüber vielen Lösungsmitteln sehr widerstandsfähig (▸ Exp. 2, 6, S. 96). Beim Erhitzen erweichen einige Kunststoffe und erstarren nach dem Abkühlen, andere werden in starker Hitze zersetzt (▸ Exp. 3, S. 96). Bei der Brennbarkeit kann unterschieden werden zwischen leicht entzündlichen Kunststoffen, die mit gelber Flamme verbrennen, z. B. Sektkorken aus Polyethen, oder solchen, die rußend verbrennen, z. B. Legosteine aus Polystyren, sowie zwischen schwer entflammbaren Kunststoffen, z. B. Isolierkabel aus PVC (▸ Exp. 7).

**Einteilung der Kunststoffe** Kunststoffe, die beim Erhitzen erweichen und nach dem Abkühlen erstarren, werden als **Thermoplaste** bezeichnet. Sind Kunststoffe dagegen bleibend hart und unschmelzbar, bezeichnet man sie als **Duroplaste**. Sie sind thermisch nicht verformbar.
Kunststoffe, die nach dem Einwirken einer äußeren Kraft wieder ihre ursprüngliche Form annehmen, heißen **Elastomere** (Elaste), z. B. Gummi.

**Bau der Kunststoffe** Kunststoffe bestehen aus Makromolekülen. Sie werden in vielen Reaktionsschritten aus Tausenden gleichartiger, kleiner Moleküle, den **Monomeren** (griech. *monos:* einer; *meros:* Teil), gebildet. Deshalb werden Kunststoffe auch als **Polymere** (griech. *poly:* viel) bezeichnet.

**Kunststoffe werden nach ihren Eigenschaften in Thermoplaste, Duroplaste und Elastomere eingeteilt. Sie sind aus synthetischen Makromolekülen aufgebaut.**

**Exp. 7 | L** **Brennbarkeit von Kunststoffproben**

*Vorsicht! Abzug!* Einige Kunststoffproben werden mit der Tiegelzange vorsichtig auf einer feuerfesten Unterlage in der Sparflamme des Brenners erhitzt. Beginnen die Proben zu brennen, werden sie zügig aus der Flamme genommen.

## Aufgaben

**1** Stelle die Kunststoffarten in einer Tabelle zusammen. Nenne charakteristische Eigenschaften und gib Beispiele an.

**2** Begründe, warum der Anteil an Kunststoffen im Auto stetig steigt.

**3** Informiere dich, warum die Geruchsprobe beim Erhitzen von PVC nicht gestattet ist.

# Polymerisation und Polykondensation

**Polymerisation und Polykondensation sind chemische Reaktionen, durch die aus einfachen Bausteinen, den Monomeren, Thermoplaste und Duroplaste gebildet werden können. Frühstücksboxen beispielsweise bestehen aus Polyethen und werden durch Polymerisation hergestellt.**

**1** Aus thermoplastischem Granulat werden Haushaltswaren wie Frühstücksboxen hergestellt.

| Monomer | Polymer |
|---|---|
| Ethen 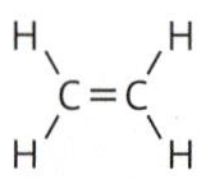 | Polyethen (PE) 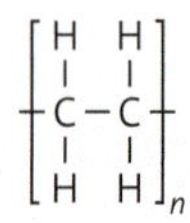 |
| Propen 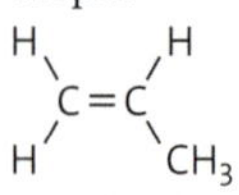 | Polypropen (PP) 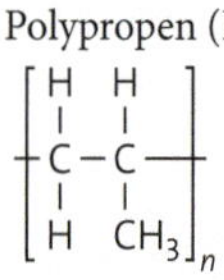 |
| Acrylnitril 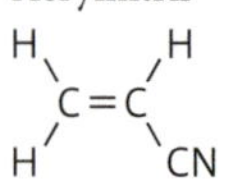 | Polyacrylnitril (PAN) 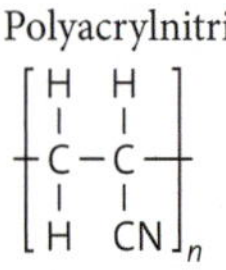 |
| Mono-chlorethen 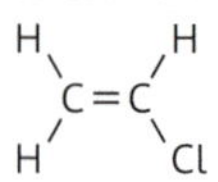 | Polyvinylchlorid (PVC) 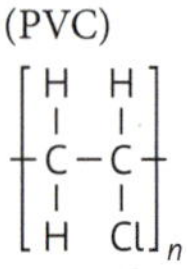 |

**2** Beispiele für Monomere und Polymere

**Herstellung von Makromolekülen durch Polymerisation** Wie euch bereits bekannt ist, können Ethenmoleküle unter Spaltung der Kohlenstoff-Kohlenstoff-Doppelbindung zu Polyethen reagieren. Auch andere Monomere mit solch einer Doppelbindung im Molekül können unter dem Einfluss von Licht, Wärme oder eines Katalysators miteinander reagieren. Mit Monochlorethen (Vinylchlorid) entstehen durch Polymerisation langkettige Moleküle von **Polyvinylchlorid** (PVC).

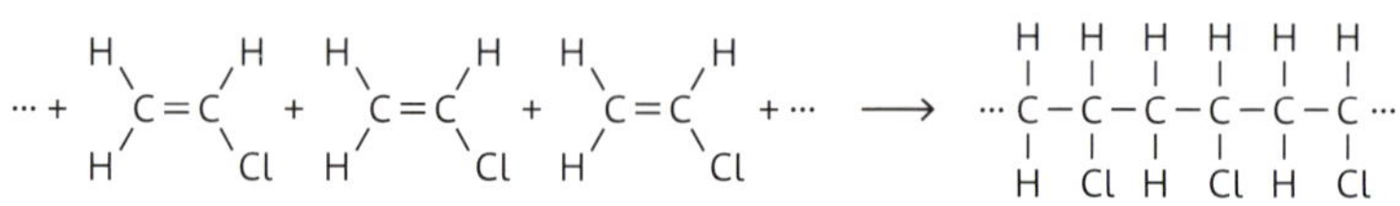

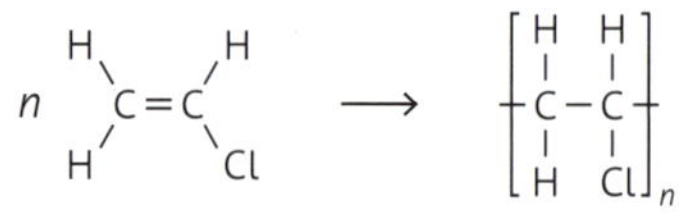

Monochlorethen (Vinylchlorid) — Polyvinylchlorid

Allgemein gilt: Monomere, die mindestens eine Kohlenstoff-Kohlenstoff-Doppelbindung besitzen, reagieren unter dem Einfluss von Licht, Wärme oder eines Reaktionsstarters (Initiators) in einer rasch ablaufenden Kettenreaktion miteinander zu Makromolekülen. Bei dieser als Polymerisation bezeichneten Reaktion entstehen als Produkte **Polymerisate**. So reagieren Propen zu Polypropen oder Acrylnitril zu Polyacrylnitril (▸ **2**).

**Bei einer Polymerisation reagieren Monomere mit mindestens einer Doppelbindung im Molekül zu makromolekularen Stoffen.**

**3** Squashschläger mit Polyesterbespannung

**4** Ein Sonnenschutz aus Nylonschirmen

**5** Gitarrensaiten aus Nylonfasern

**Herstellung von Polyestern durch Polykondensation** Wie bereits bekannt, reagieren Carbonsäuren mit Alkoholen zu Carbonsäureestern (▸ S. 19). Bei dieser Substitutionsreaktion entsteht als weiteres Produkt Wasser, weshalb die Veresterung auch eine Kondensation ist. Die Herstellung eines Polyesters ist ebenfalls eine Kondensation. Dabei reagieren z. B. Dicarbonsäuren (▸ S. 17) mit Dialkoholen (mehrwertiger Alkohol) zu Makromolekülen, dem **Polykondensat**.

Dicarbonsäure + Dialkohol ⟶ Polyester + Wasser

Da die Kondensationsreaktion vielfach hintereinander erfolgt, wird sie als **Polykondensation** bezeichnet. Als Ausgangsstoffe für Polykondensate eignen sich Monomere mit mindestens zwei funktionellen Gruppen im Molekül, z. B. Hydroxy-, Amino- und Carboxylgruppen (▸ Exp. 4, S. 96).

Polyester werden als dünner Faden zur Polyesterseide gesponnen oder in Form vieler kleiner Fädchen als „Mikrofaser" verwendet. Sie können auch duroplastische Polyester bilden, z. B. wenn die Monomere mehr als zwei funktionelle Gruppen besitzen und die Molekülketten sich verzweigen und vernetzen (▸ Exp. 8).

**Polyamide** Sie entstehen, wenn Dicarbonsäuren mit Diaminen (Monomere mit zwei Aminogruppen im Molekül) reagieren. Hierbei wird Wasser abgespalten, es liegt also eine Polykondensation vor.

Dicarbonsäure + Diamin ⟶ Polyamid + Wasser

Fasern aus Polyamid sind thermoplastische Kunststoffe, z. B. die Kunststofffasern Perlon (Polyamid 6) und Nylon (Polyamid 6.6).

**Amino- und Phenoplaste** Auch die Amino- und Phenoplaste sind Polykondensate. Sie entstehen aus Harnstoff bzw. Phenol und Formaldehyd (Methanal) unter Abspaltung von Wasser.

**Die Polykondensation ist eine chemische Reaktion, bei der aus Monomeren unter Abspaltung kleinerer Moleküle, z. B. Wassermolekülen, makromolekulare Stoffe entstehen.**

**Exp. 8 | L** **Herstellen eines Polyesterharzes**

*Abzug! Vorsichtig!* 3,5 g Bernsteinsäure (Butandisäure, GHS07) und 1 ml Glycerin werden in einem Reagenzglas mit einem Glasstab gut durchmischt. Anschließend erwärmt man das Gemisch einige Minuten im fast waagerecht gehaltenen Reagenzglas.

## Aufgaben

1. Entwickle die Reaktionsgleichung für die Bildung von Polypropen (PP) sowie von Polyacrylnitril (PAN) (▸ **2**). Definiere die vorliegende Reaktionsart.
2. Erläutere an der Herstellung eines Polyesters die Polykondensation.
3. Nenne je zwei Kunststoffe, die durch Polymerisation bzw. Polykondensation hergestellt werden.
4. Gib eine Wortgleichung für die Bildung eines Amino- bzw. Phenoplasts an.

# Thermoplaste und Duroplaste

**Moderne Architektur setzt Kunststoffe geschickt ein, um Akzente zu setzen. Häufig werden Fensterrahmen und -profile aus Kunststoffen eingesetzt. Zu unseren Alltagsprodukten gehören aber auch Telefon- und Ausweiskarten, Fußbodenbeläge, Büroartikel, Sitzmöbel und vieles mehr.**

1 Tunnel aus Plexiglas über Rolltreppen vor dem Centre Pompidou in Paris

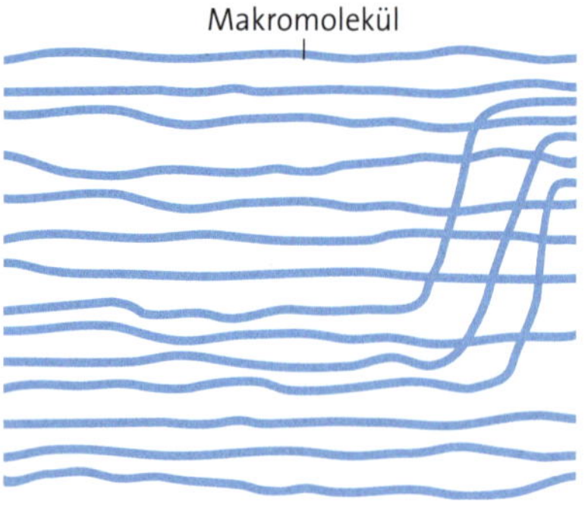


2 Modelldarstellung der Struktur von Makromolekülen in einem Thermoplast

**Eigenschaften und Struktur von Thermoplasten** Thermoplaste erweichen beim Erwärmen und gehen in einen plastischen Zustand über. Die Ursache für das Erweichen und die plastische Verformbarkeit liegt in der Struktur der Makromoleküle.

Thermoplaste bestehen aus kettenförmigen oder wenig verzweigten Makromolekülen (▸2). Die einzelnen Makromoleküle liegen parallel angeordnet, in manchen Bereichen auch geknäuelt vor. Der Zusammenhalt der Makromoleküle erfolgt über zwischenmolekulare Wechselwirkungen (Van-der-Waals-Kräfte). Sind die Makromoleküle parallel angeordnet, wirken stärkere Van-der-Waals-Kräfte als im geknäuelten Zustand. Beim Erwärmen geraten die Moleküle zunehmend in Schwingungen, die zwischenmolekularen Kräfte werden schrittweise überwunden, der Thermoplast erweicht und kann verformt werden.

**Verarbeitung von Thermoplasten** Der größte Teil der Thermoplaste wird in Form von Pulver oder Granulat in einen **Extruder**, einen beheizten Zylinder, eingefüllt. Im Extruder dreht sich eine Schnecke, wobei das Granulat eingezogen und zum Werkzeug befördert wird. Auf dem Weg durch den Extruder schmilzt das Granulat und wird verdichtet. Die flüssige Kunststoffmasse wird durch eine Düse gepresst. Dabei nimmt der Kunststoff die entsprechende Form an, die er durch sofortiges Abkühlen beibehält. Es entstehen verschieden geformte Rohre, Profile, Gussteile oder auch Folien.

**Thermoplaste sind aus unverzweigten oder leicht verzweigten kettenförmigen Makromolekülen aufgebaut. Durch Erwärmen sind sie plastisch formbar.**

**Thermoplast Polyethen**

**Eigenschaften:** brennbar, tropft beim Verbrennen; beständig gegen die meisten Lösungsmittel und Chemikalien; kein elektrischer Leiter (▸Exp. 1, S. 96)

Niederdruckpolyethen (HDPE) ist härter und hat eine größere Dichte als Hochdruckpolyethen (LDPE).

**Verwendung:** HDPE: Druckrohre, Getränkekästen

LDPE: Folien, Haushaltswaren

**Eigenschaften und Struktur von Duroplasten** Duroplastische Kunststoffe zeichnen sich durch große Härte und Festigkeit, Gleitfähigkeit, Druckfestigkeit und Korrosionsbeständigkeit aus. Außerdem sind sie wärmebeständig, schwer entflammbar und elektrisch nicht leitfähig.
Die Makromoleküle der Duroplaste entstehen durch eine enge räumliche Vernetzung der Ausgangsstoffe über Atombindungen (▸3). Diese Struktur bleibt wegen der Stabilität der Atombindungen auch beim Erwärmen bestehen. Duroplaste sind deshalb unschmelzbar. Bei sehr hohen Temperaturen werden die Bindungen gespalten und der duroplastische Kunststoff zersetzt sich.

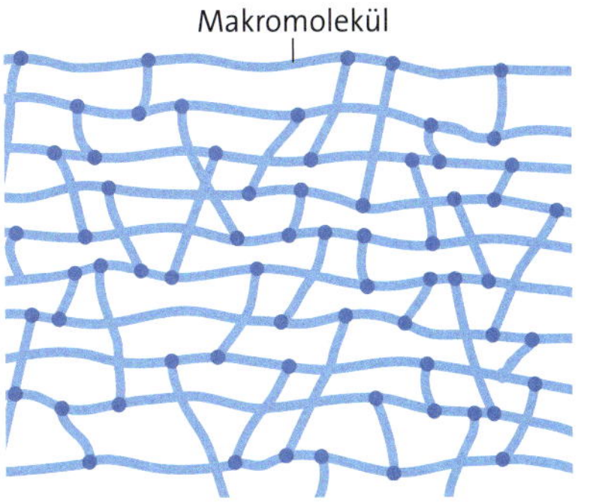


**3** Struktur der Makromoleküle in einem Duroplast

**Verarbeitung von Duroplasten** Werkstücke aus duroplastischem Kunststoff müssen bereits bei der Herstellung ihre endgültige Form erhalten, weil sie danach nicht mehr plastisch verformbar sind. Sie können nur noch mechanisch, z. B. durch Bohren, Feilen oder Sägen, bearbeitet werden.
Zur formgebenden Verarbeitung wird die Polyreaktion unterbrochen. Die Zwischenprodukte liegen in einem harzähnlichen Zustand vor. Davon leitet sich der Name „Kunstharz“ ab. Dieses harzähnliche Material kann in Formen gegossen werden („Gießharz“). Anschließend wird durch Erhitzen die Reaktion als „Aushärtung“ zu Ende geführt. Das dabei entstehende Wasser wird aus dem Werkstück entfernt.

**4** Billardkugeln aus mit Füllstoff formgepresstem Phenoplast

Zu den Duroplasten (Duromeren) gehören beispielsweise Polyesterharze, Pheno-, Aminoplaste und einige Polyamide. Polyesterharze werden z. B. als Lack zur Versiegelung von kratzfesten Oberflächen eingesetzt.
Aus Phenoplast werden Steckdosengehäuse, Radlager, Bremsscheiben und Möbel hergestellt. Phenoplaste sehen bernsteinfarben bis braun aus. Allerdings haben sie eine geringe Lichtechtheit und werden deshalb nur in dunkle Farben eingefärbt. Als Verpackungsmaterial für Lebensmittel sind Phenoplaste nicht zugelassen.
Aminoplaste werden häufig als Klebstoff in der Holzwerkstoffindustrie eingesetzt, aber auch als Isoliermaterial. Diese Kunststoffe sind lichtstabil.
Einige Polyester und Polyamide dienen der Herstellung von Gießharzen, Schichtstoffen und Getränkeflaschen.

**5** Sitzmöbel aus Duroplast

**Duroplaste sind aus engmaschig vernetzten Makromolekülen aufgebaut. Sie zersetzen sich in der Hitze, ohne zu erweichen.**

## Aufgaben

**1** Begründe, warum auf Mülltonnen der Warnhinweis „Keine heiße Asche einfüllen“ angebracht ist.

**2** Erstelle einen Steckbrief von Polyvinylchlorid.

**3** Begründe die Verwendungsmöglichkeiten für Phenoplaste mit deren Eigenschaften.

**4** Beschreibe Verarbeitungsmöglichkeiten eines Duroplasts. Vergleiche mit der Verarbeitung von Thermoplasten.

**5** Erkläre die unterschiedlichen Eigenschaften von Thermo- und Duroplasten anhand ihrer Struktur.

# Elastomere

**Naturkautschuk ist der einzige natürlich vorkommende Rohstoff eines Kunststoffs. Kautschuk (indian. *Cahuchu:* weinender Baum) kommt im Milchsaft verschiedener Pflanzen, besonders in dem des Kautschukbaums *Hevea brasiliensis* vor. Aus dem durch Anritzen der Rinde gewonnenen Milchsaft, dem Latex, wird der Kautschuk durch Zusatz von Essigsäure ausgefällt.**

1 Durch Anritzen der Rinde wird Latex gewonnen.

**Info**
Die Mayas haben bereits vor mehr als 2000 Jahren eine Schutzkleidung für Füße aus Gummi hergestellt oder Kleidung mit Gummi überzogen. Die Menschen blieben so trocken und kühlten nicht aus, wenn es regnete. Sie sind quasi die Erfinder der Regenkleidung. Kleidungsstücke aus Gummi nennt man auch Latexkleidung.

**Gummi – vulkanisierter Kautschuk** Die Materialeigenschaften von Naturkautschuk sind teilweise ungünstig. Bei 3 °C wird das Material spröde und brüchig, ab etwa 150 °C weich und klebrig. Außerdem verhält sich Naturkautschuk nur gering elastisch.
Der US-Amerikaner Charles Goodyear (1800–1860) entwickelte 1839 ein Verfahren, mit dem aus Kautschuk ein wärmebeständiges und hochelastisches Elastomer hergestellt werden konnte. Durch Verkneten von Naturkautschuk mit Schwefel und unter anschließendem Erhitzen entsteht Gummi. Das als **Vulkanisation** bezeichnete Verfahren verbessert die Materialeigenschaften von Naturkautschuk erheblich. Hierbei reagieren Schwefelatome mit den Kautschukmolekülen unter Bildung von „Schwefelbrücken", dabei werden die Makromoleküle vernetzt.
Jährlich werden weltweit 23 Millionen Tonnen Kautschuk produziert.

2 Verhalten von Kautschuk und Gummi bei Krafteinwirkung

**Eigenschaften und Struktur von Elastomeren** Dehnbar, wasserabweisend und widerstandsfähig, das sind die wichtigsten Eigenschaften des Gummis. Nach Einwirken einer verformenden Kraft nehmen Elastomere ihre ursprüngliche Form wieder an (▸2). Die Makromoleküle der Elastomere sind weitmaschig vernetzt angeordnet, sie bilden Knäuel (▸3). Beim Dehnen der Elastomere werden die Knäuel auseinandergezogen. Wirkt die verformende Kraft nicht mehr, nehmen die Makromoleküle wieder ihre geknäuelte Struktur an.
An den Vernetzungspunkten sind die Makromoleküle durch Atombindung miteinander verbunden. Deshalb zersetzen sich Elastomere bei starkem Erhitzen ähnlich wie Duroplaste.

**Elastomere sind Kunststoffe, die elastisch verformbar sind. Ihre Makromoleküle sind weitmaschig vernetzt.**

**Synthetischer Kautschuk** Die zunehmende Technisierung und Motorisierung mit Beginn des 20. Jahrhunderts führte zu einem wachsenden Bedarf z. B. an Reifengummi. Die Nachfrage konnte durch Naturkautschuk nicht mehr gedeckt werden.
Synthetisch wurde Kautschuk erstmalig 1909 aus Isopren (2-Methylbuta-1,3-dien) hergestellt. Seit 1929 konnte Kautschuk in großem Maß auch durch **Polymerisation** von **Buta-1,3-dien** gewonnen werden. Als Katalysator dient Natrium. Aus den Anfangsbuchstaben der beiden Stoffe entstand die Bezeichnung Buna (**Bu**ta-1,3-dien, **Na**trium).

$$\underset{\text{Buta-1,3-dien}}{n\,CH_2{=}CH{-}CH{=}CH_2} \longrightarrow \underset{\text{Polybutadien}}{\left[ CH_2{-}CH{=}CH{-}CH_2 \right]_n}$$

Um beim Naturkautschuk ähnliche Verzweigungen der kettenförmigen Moleküle zu erreichen, können zusätzlich Stoffe wie Acrylnitril oder Styren im Gemisch mit Butadien polymerisiert werden. Es entstehen Mischpolymere, deren Eigenschaften durch das Mischungsverhältnis beeinflusst werden können.
Durch Polymerisation von Monochlorbutadien (Chloropren) erhält man Neopren. Im Vergleich zu Kautschuk besitzt Neopren eine höhere UV-Licht- und Wärmebeständigkeit (▸4).

**Verarbeitung von Elastomeren** Auch synthetischer Chloropren-Kautschuk wird vulkanisiert. **Weichgummi** enthält 3 bis 5 % Schwefel. Bei hohem Schwefelanteil gehen wegen der starken Vernetzung die elastischen Eigenschaften verloren. Es entsteht **Hartgummi**.
Über 70 % des hergestellten Gummis werden für die Produktion von Autoreifen verwendet. Bei der Herstellung von Reifengummi werden Ruß und Harze als Füllstoffe zur Verringerung des Abriebs zugemischt. Durch Veränderung der Kautschuksorten und der Beimengungen lassen sich unterschiedliche Gummieigenschaften erzielen, wie sie für Sommer- und Winterreifen benötigt werden. Als Stabilisatoren bezeichnete Stoffe verlangsamen das Ersetzen der Schwefelatome durch Sauerstoffatome. Durch diesen Prozess wurde Gummi früher schnell brüchig und porös.
Durch Heißvulkanisation werden Gummischläuche, Dichtungen, Keilriemen, Schuhsohlen oder Förderbänder hergestellt. Besonders dünnwandige Gummierzeugnisse, wie Luftballons oder Kondome, werden durch „Kaltvulkanisation“ angefertigt. Dabei wird eine Form abwechselnd in Latex und in eine schwefelhaltige Lösung getaucht.

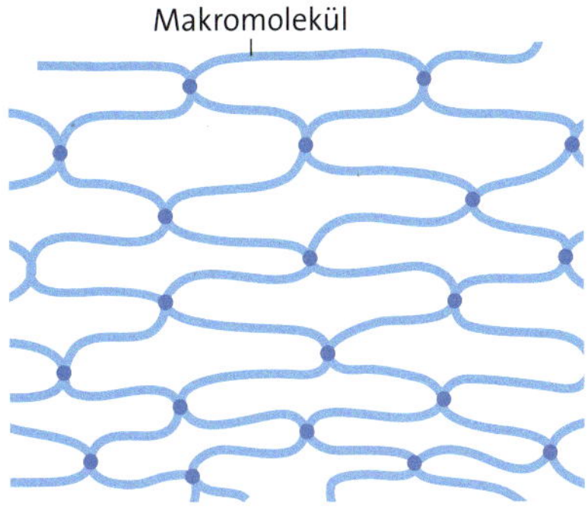


**3** Struktur der Makromoleküle in einem Elastomer

**4** Tauchanzug aus Neopren

**5** Quad mit Gummireifen

## Aufgaben

**1** Gib Verwendungsmöglichkeiten von Gummi an.

**2** Erläutere den Vorgang der Vulkanisation.

**3** An Sommer- und Winterreifen werden unterschiedliche Anforderungen gestellt. Nenne die jeweils erforderlichen Eigenschaften und überlege, wie geeigneter Gummi hergestellt werden kann.

**4** Gummi ist dehnbar und nimmt nach einer Krafteinwirkung seine ursprüngliche Form wieder an. Folien aus Polyethen kann man auch dehnen, sie ziehen sich jedoch nicht wieder zusammen. Erkläre.

**5** Stelle tabellarisch die Eigenschaften und die Verwendung von Hart- und Weichgummi zusammen.

# Kunststoffrecycling

**Kunststoffmüll in den Ozeanen gefährdet das Leben der Tiere. Sie verenden qualvoll, wenn sie die Kunststoffteile als Nahrungsquelle ansehen oder sich im Müll verfangen. Die Menge an Kunststoffen, die auf der Erde seit ihrer Erfindung produziert wurden, würde ausreichen, unseren gesamten Erdball sechsmal mit Folie einzupacken.**

**1** Eine Lederschildkröte verwechselt im Wasser treibende Kunststofftüten mit Quallen, ihrer Lieblingsmahlzeit.

**2** Komposter aus wiederverwertetem Kunststoff

| Kennzeichnung ♳ | Polymer |
|---|---|
| 1 | Polyethylenterephthalat (PET) |
| 2 | Polyethen (HDPE; engl. high density polyethene) |
| 3 | Polyvinylchlorid (PVC) |
| 4 | Polyethen (LDPE; engl. low density polyethene) |
| 5 | Polypropen (PP) |
| 6 | Polystyren (PS) |
| 7 | andere |

**3** Kennzeichnung häufig verwendeter Polymere

**Kunststoffabfälle belasten die Umwelt** Kunststoffabfälle, die nicht wiederverwertet werden, gefährden unsere Umwelt in besonderem Maße. Kunststoffe bauen sich in der Regel nicht biologisch ab, sondern zerfallen lediglich in kleine Teilchen. Dieser Prozess dauert bis zu 500 Jahre.
In jeder Minute gelangen laut Schätzung der UNO 125 000 Tonnen Kunststoffe über die Flüsse in die Ozeane. Bis 2025 könnte sich die Gesamtmenge an Kunststoffmüll, die auf unterschiedlichen Wegen in die Ozeane gelangt, auf 155 Millionen Tonnen addieren.
Kunststoffmüll birgt Probleme für das globale Ökosystem und unsere Gesundheit. Kunststoffpartikel geben Schadstoffe in die Umwelt ab oder nehmen durch ihre hydrophoben Eigenschaften teilweise Schadstoffe aus dem Meer auf und transportieren sie an zuvor nicht belastete Orte.

**Wiederverwertung von Kunststoffverpackungen** 2013 wurden in Deutschland 20 Millionen Tonnen Kunststoff erzeugt, die anfallende Kunststoffabfallmenge betrug 5,7 Millionen Tonnen. Jeder Bundesbürger verursacht 20 kg Kunststoffabfälle pro Jahr, vor allem Kunststoffverpackungen und Einwegartikel.
Die zu Abfall gewordenen Kunststoffe werden zu 99 % wiederverwertet, nur 1 % gelangen auf Deponien. Damit stellen die Abfälle eine wichtige Ressource und einen entscheidenden Wirtschaftsfaktor dar. Kunststoffverpackungen mit dem „Grünen Punkt“ werden in Deutschland wieder eingesammelt und energetisch, rohstofflich oder werkstofflich verwertet (▸ Exp. 5, S. 96; ▸ **4**). Beispielhaft für einen geschlossenen Wiederverwertungskreislauf ist die Recyclingtechnologie für PET (Polyethylenterephthalat), wobei jährlich weltweit ca. 900 000 Tonnen PET-Abfälle zu neuen PET-Flaschen oder -Fasern recycelt werden.
Ziel der Forschung ist, biologisch abbaubare Kunststoffe zu entwickeln.

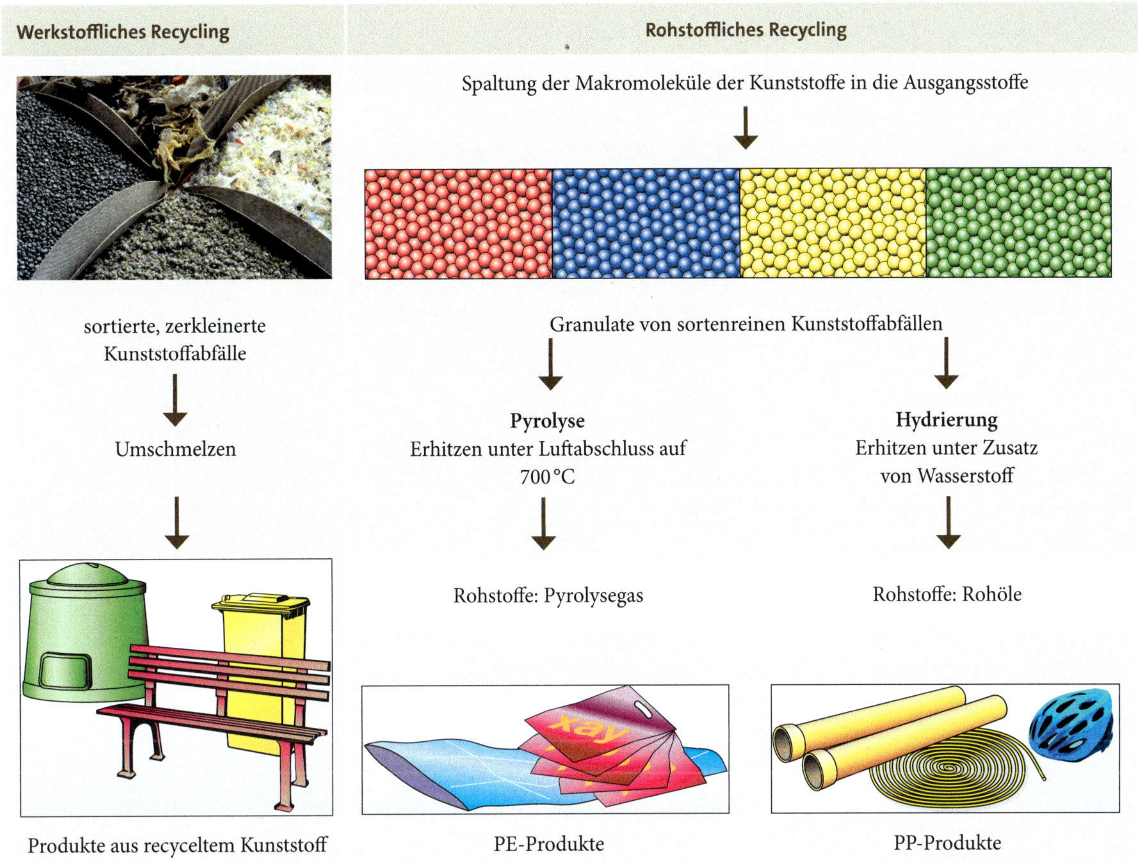


4 Werkstoffliches und rohstoffliches Recycling

**Energetische Verwertung** Insgesamt 57 % der Kunststoffabfälle in Deutschland können aus z. B. technischen oder ökonomischen Gründen weder rohstofflich noch werkstofflich recycelt werden. Sie werden deshalb energetisch genutzt, d. h., sie werden z. B. in Müllverbrennungsanlagen verbrannt. Bei der Verbrennung von Kunststoffabfällen wird in exothermen Reaktionen Energie freigesetzt, die dann als Heizwärme genutzt werden kann. Aber auch als Brennstoff in Kraftwerken und Zementdrehrohröfen werden Kunststoffabfälle genutzt. Leistungsfähige Filteranlagen reinigen die Verbrennungsgase und entfernen viele giftige Stoffe wie Dioxine, halogenierte Kohlenwasserstoffe und Chlorwasserstoffgas.

5 Kunststoffverpackungen mit dem „Grünen Punkt"

## Aufgaben

**1** Die Sortierung verschiedener Kunststoffe erfolgt meist nach dem Schwimm-Sink-Verfahren. Gib an, auf welcher Stoffeigenschaft das Trennverfahren beruht.

**2** Erläutere, wie sich Entsorgung, Verwertung und Deponierung von Kunststoffabfällen voneinander unterscheiden.

**3** Erläutere, was unter der energetischen Verwertung von Kunststoffabfällen verstanden wird. Begründe, warum es kein Recyclingverfahren im eigentlichen Sinne ist.

**4** Begründe, warum die Entsorgung von biologisch abbaubaren Kunststoffen unproblematisch ist.

# Kleidung für jeden Zweck

**Funktionelle und hochwertige Outdoor-Jacken sind ideal für den Sport im Freien, denn sie bieten einen ausgezeichneten Tragekomfort und schützen vor Wind, Kälte und Nässe.**
**Kleidungsstücke aus Wolle, Baumwolle oder Seide sind angenehm auf der Haut, laden sich nicht elektrostatisch auf und sind besonders saugfähig, trocknen jedoch langsam.**

**1** Kleidung soll uns vor Umwelteinflüssen schützen und starken Wärmeverlust oder einen Wärmestau verhindern.

### Info

Die Seidenraupe produziert ihren glänzenden Faden aus besonderen Eiweißen, den Fibroinen. Ohne zu verklumpen, formt sich in ihren Drüsen aus einer wässrigen Eiweißlösung die begehrte Faser.
Kein zweites Material in der Natur ist derart reißfest. Seine Festigkeit gleicht der von Stahldrähten.

**Naturfasern** **Wolle** ist das Haar des Schafes und der Mohairziege. Sie ist wie alle tierischen Fasern aus Eiweißen aufgebaut. Eiweiße sind Makromoleküle. Die einzelnen Eiweißmoleküle sind spiralförmig angeordnet. Wolle fühlt sich rau an und hat einen warmen, weichen Griff. Sie ist elastisch und gut dehnbar. Bis zu einem Drittel ihrer eigenen Masse kann sie an Feuchtigkeit aufnehmen.
**Seide** stammt von der Raupe des Seidenspinners. Sie ist ebenfalls aus Eiweißmolekülen aufgebaut. Diese liegen wie Blätter aufeinander. Das Gewebe ist kaum dehnbar, seine Oberfläche fühlt sich glatt und weich an.
**Baumwolle** besteht fast nur aus Cellulose. Die Cellulosefasern aus der Fruchtkapsel der Baumwollpflanze haben einen warmen, festen Griff und eine hohe Wasseraufnahmefähigkeit. Sie sind kochfest und gegenüber Laugen unempfindlich. Cellulose ist aus Makromolekülen aufgebaut, die lange Ketten bilden. Die Ketten sind von einer dünnen Haut aus Lignin, dem Holzstoff, umhüllt.
Die Naturfasern Wolle, Seide und Baumwolle werden zunehmend mit Synthesefasern zu Mischgeweben kombiniert oder von diesen ersetzt. So erhält man Kleidungsstücke, die hautfreundlich und atmungsaktiv sind.

**Funktionsbekleidung** Mehrere Schichten unterschiedlicher Gewebe können verschiedene Anforderungen erfüllen. In der ersten Schicht wird Schweiß schnell von der Haut wegtransportiert. So entsteht keine Verdunstungskälte, der Körper bleibt trocken und warm. In der mittleren Schicht spielen Wärmeisolierung und Feuchtigkeitsaufnahme eine große Rolle. Die dritte Schicht schützt gegen Wind und Wetter. Die Feuchtigkeit wird nach außen abgegeben, Regen und Wind bleiben draußen. Funktionelle Bekleidung soll leicht, strapazierfähig und pflegeleicht sein.

**Kunststfasern** Auf dem Bekleidungsmarkt findet sich eine Vielzahl verschiedener synthetischer Fasern mit sehr unterschiedlichen Eigenschaften, die auf einigen wenigen Grundstoffen basieren.

Einer der wichtigsten und mengenmäßig bedeutendsten **Polyester** ist das bereits bekannte Polykondensat Polyethylenterephthalat (kurz PET). Diese Textilfaser ist reißfest, leicht und nimmt kaum Wasser auf, außerdem ist sie pflegeleicht.

**Polyamid** (Nylon, Perlon) ist die reiß- und scheuerfesteste aller synthetischen Fasern. Sie wird nicht nur für Kleidung, sondern auch für Taue, Seile und Netze oder auch in Autoreifen eingesetzt. Polyamide werden durch eine Polykondensationsreaktion gebildet (▸ S. 99). Die Moleküle dieser Polykondensate besitzen eine Säureamidgruppe -CO–NH–. Sie ist mit der bereits bekannten Peptidgruppe identisch (▸ **3**).

**Polyacrylnitril** (PAN) wird durch Polymerisation von Acrylnitril hergestellt (▸ S. 98). Es kann aus der Polymerisationslösung direkt zu einer Faser gesponnen werden. Polyacrylfasern laden sich elektrostatisch relativ stark auf und stoßen sich gegenseitig ab. Deshalb sind daraus hergestellte Gewebe knitterfrei und flauschig, aber auch etwas schmutzanziehend. PAN wird zu Textilien, wie Strickwaren, Velours, Plüsch, und Teppichen verarbeitet.

**Mikrofasern** sind sehr feine Fasern. Sie sind etwa 60-mal dünner als menschliches Haar und nur halb so dick wie Seidefasern. Auf einem Quadratzentimeter können bis zu 8 000 Polyester- oder Polyamidfilamente engmaschig verwebt sein. Bekleidung aus Mikrofasern ist sehr weich, stark wasserabweisend und winddicht. Kleidungsstücke aus Mikrofaser sind deshalb ohne Beschichtung wasserdicht und besonders strapazierfähig.

Kunstfasern werden in Textilien wegen ihrer Knitterfreiheit geschätzt. Dem Problem der verstärkten Geruchsbildung versuchen die Hersteller durch die Behandlung mit antibakteriell wirkenden Silberfäden zu begegnen.

**Wasserdichte Membrane** Goretex ist eine wasserdichte, poröse Membran aus **Polytetrafluorethylen** (PTFE). Die Mikroporen, etwa 1,4 Milliarden pro Quadratzentimeter, sind 700-mal größer als ein Wassermolekül, aber 20 000-mal kleiner als ein Regentropfen. SympaTex ist eine leichtere, nur 1 Mikrometer dicke, porenfreie Membran, die ebenfalls für wind- und wasserdichte Regenbekleidung eingesetzt wird.

**2** Gleitschirm aus Polyamid

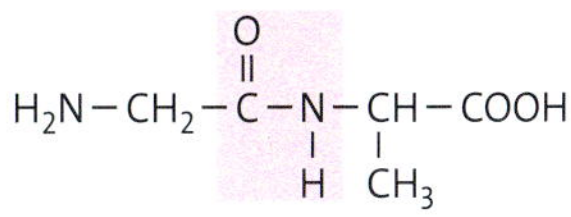

Dipeptid Gly–Ala

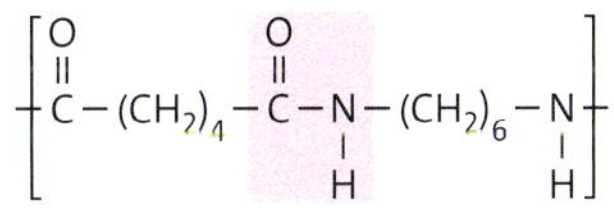

Ausschnitt aus einem Polyamidmolekül Nylon®

**3** Vergleich der Bindungen in Peptiden und Polyamiden

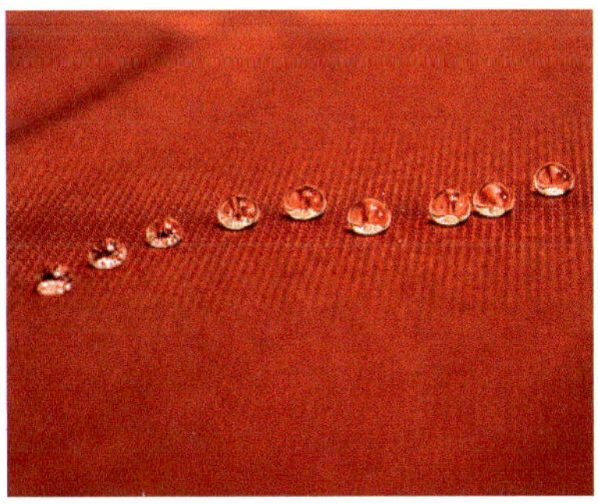

**4** Wassertropfen auf Goretex

## Aufgaben

**1** Vergleiche die Struktur eines Eiweißmoleküls mit dem eines Polyesters.

**2** Informiere dich über die Funktion atmungsaktiver Membranen. Vergleiche dazu Kataloge verschiedener Hersteller.

**3** Nenne Eigenschaften, die ein Schlafsack haben muss. Begründe, wie sich das erreichen lässt.

**4** Recherchiere, was Acetatseide ist.

**5** Entwickle die Reaktionsgleichung für die Polymerisation von Acrylnitril.

# Funktionale Kunststoffe

1 Windeln mit Superabsorber

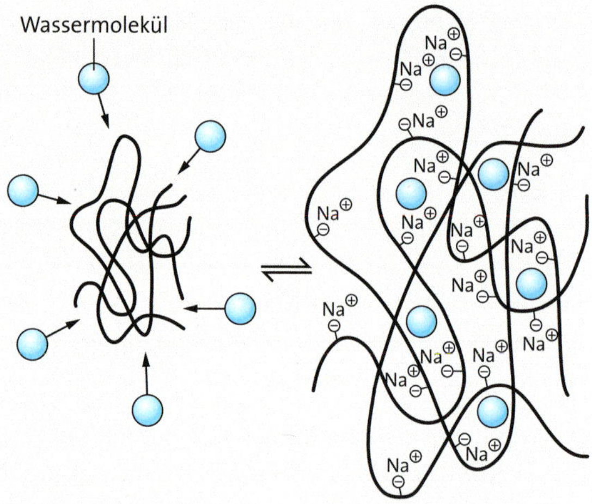


2 Superabsorber

Oft unsichtbar gehören sie heute fast schon zum Alltag – funktionale Kunststoffe, z. B. als Superabsorber in Windeln, die Babys trocken halten. Funktionale Kunststoffe werden mit besonderen Eigenschaften „maßgeschneidert“ und vielfältig eingesetzt. Als Mikrokapseln oder Filmbildner für Arzneimittel ermöglichen sie die gezielte Freisetzung von Wirkstoffen im Körper.

**Superabsorber** Die Windel der Zukunft ist klein und dünn, fast wie eine Unterhose, läuft nicht aus und hält die Haut trocken. Dafür reichen wenige Gramm eines körnigen, weißen, geruchlosen, nahezu unlöslichen Superabsorbers (lat. *absorbere:* in sich aufnehmen) in einer Schicht Zellstoff aus. Sie kann bis zur 50-fachen Menge ihres Eigengewichts an Urin aufnehmen.
Bei der Herstellung werden Acrylsäuremoleküle durch Polymerisation zu langen Ketten vernetzt und im Anschluss mit Natronlauge zu Natriumpolyacrylat (SAP), einem Natriumsalz, umgesetzt.

Wird nun Wasser hinzugegeben, dissoziiert das Natriumsalz der Polyacrylsäure. Die negativ geladenen Polymerketten stoßen sich gegenseitig ab (▸2). Das Polymernetz quillt auf und Wasser dringt in die entstehenden Hohlräume ein. Es entsteht ein osmotischer Druck, der Wasser in den Superabsorber hineinsaugt. Die Absorptionskräfte sind dann so hoch, dass trotz äußerer Krafteinwirkung auf die Windel keine Flüssigkeit mehr abgegeben wird.

**Polyelektrolyte** Polyelektrolyte – Polymere mit einer Vielzahl von in Ionen dissoziierbaren Gruppen – sind aus der modernen Abwasser- und Wasseraufbereitung nicht mehr wegzudenken. Sie ermöglichen das Ausflocken von unerwünschten, zum Teil gesundheitsschädlichen Ionen, aber auch durch Ionenaustausch das Herauslösen von schwer fällbaren Ionen. In der Medizin wird dieses Prinzip bei der Dialyse angewandt.
In Brennstoffzellen (PEMFC) kommen Polyelektrolyte als ionendurchlässige Membran zum Einsatz. Auch eine Reihe von pharmazeutischen und kosmetischen Produkten enthalten Polyelektrolyte, z. B. Polyacrylsäure im Haargel.

**Exp. 1** **Haargel als Polyelektrolyt**

Gib auf zwei Uhrgläser jeweils eine erbsengroße Menge Haargel. Streue auf eine Probe etwas Kochsalz. Notiere deine Beobachtungen zu Beginn des Experiments und nach 30 Sekunden. Streue nach 5 min auf das getrocknete Haargel auch etwas Kochsalz und beobachte.
Vergleiche deine Beobachtungen und deute sie. Überlege, ob man mit Salz die Gelfrisur seiner Mitmenschen zerstören kann.
*Entsorgung:* Reste in den Hausmüll geben.

3 Tabletten

5 Farbige Kleidungsstücke

**Kunststoffe für Tabletten** Überzüge aus Kunststoff auf bestimmten Tabletten sollen z. B. die Magenschleimhaut schützen und die Abgabe des Wirkstoffs steuern.
Magensaftresistente Filmtabletten haben eine säurefeste Schutzhülle, die sich erst in der alkalischen Umgebung des Dünndarms auflöst und so nur an dieser Stelle die Inhaltsstoffe freisetzt.

**Kontaktlinsen** Als unsichtbare Sehhilfen sind Kontaktlinsen aus flexiblem Kunststoff seit Jahrzehnten im Einsatz. Auch die Hornhaut kann, wenn sich der Blick z. B. durch eine Verätzung getrübt hat, durch eine Kunststoffprothese ersetzt werden. Nur 0,3 mm dick ist das hochtransparente Spezial-Silicon, das die biomechanischen Eigenschaften der Hornhaut nachempfindet.

4 Dünne Kontaktlinse aus Kunststoff

**Farbübertragungsinhibitor** Unsere Kleidung ist farbig und soll auch nach häufigem Waschen noch so aussehen wie am ersten Tag. Das Abfärben oder Auslaufen von Farben ist unerwünscht und beruht auf dem Ablösen der Farbstoffe von der Faser. Hier kommen Farbübertragungsinhibitoren wie Polyvinylpyrrolidon oder deren Copolymere zum Einsatz. Sie sind gut wasserlöslich und eignen sich besonders für Color- und Feinwaschmittel. Für die menschliche Gesundheit sind sie unbedenklich. Farbstoffübertragungsinhibitoren binden den Farbstoff in einer Säure-Base-Reaktion und halten ihn in der Lösung fest.

**Exp. 2** **Funktionsweise eines Farbübertragungsinhibitors**

Löse jeweils einen Spatel Voll- bzw. Colorwaschmittel in 200 ml Wasser. Gib im Anschluss einige Tropfen 1%ige wässrige Lösung Sirius Rubin K-2BL hinzu. Lege in jede Lösung ein kleines Baumwolltuch für 3 min unter Rühren ein. Entnimm danach die Stoffproben mit einer Pinzette und spüle sie in kaltem Wasser ab. Beschreibe deine Beobachtungen und deute sie.
*Entsorgung:* Flüssigkeiten ins Abwasser geben.

## Aufgaben

**1** Gib Eigenschaften des Natriumpolyacrylats (SAP), eines Natriumsalzes der Polyacrylsäure, an.

**2** Beschreibe die Wirkungsweise eines Superabsorbers. Nutze dafür ▸ **2**.

**3** Begründe die Aussage: SAP kann bezogen auf das Eigengewicht die 1000-fache Menge an destilliertem Wasser, das 300-Fache an Leitungswasser, aber nur das 50-Fache an Urin aufnehmen.

Auf einen Blick

# Moderne Werkstoffe – Kunststoffe

| | |
|---|---|
| **Kunststoff** | synthetisch hergestellter Stoff, der aus Makromolekülen aufgebaut ist |
| **Monomere** | viele gleichartige kleine Moleküle, die durch chemische Reaktion zu Makromolekülen verbunden werden |
| **Polymere** | Makromoleküle, aus denen die Kunststoffe aufgebaut sind |

**Einteilung der Kunststoffe**

| **Kunststoff** | Thermoplast | Duroplast | Elastomer |
|---|---|---|---|
| **Eigenschaften** | erweichen und schmelzen beim Erhitzen | zersetzen sich in der Hitze, ohne zu erweichen | gummielastisch |
| **Molekülstruktur** | aufgebaut aus unverzweigten oder leicht verzweigten kettenförmigen Makromolekülen 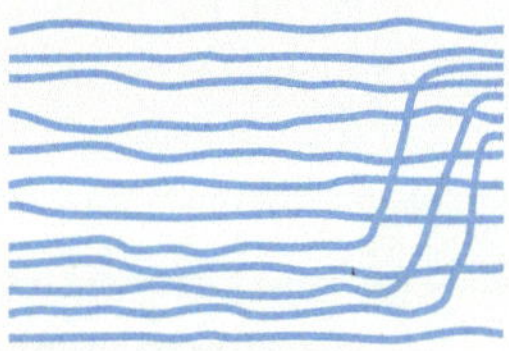 | aufgebaut aus engmaschig vernetzten Makromolekülen 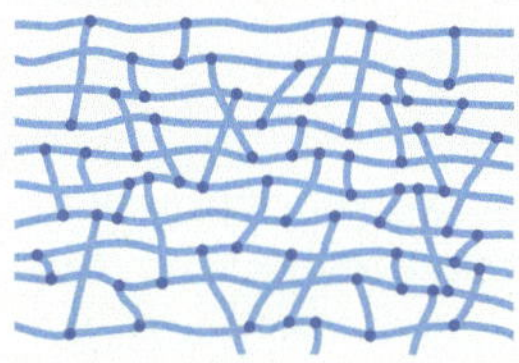 | aufgebaut aus kettenförmigen Makromolekülen, die untereinander weitmaschig vernetzt sind 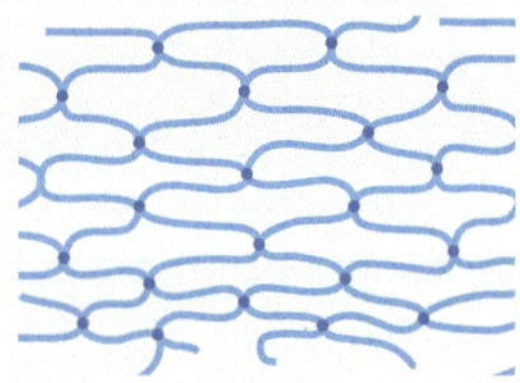 |
| **Beispiele** | Polyethen, Polystyren | Phenoplaste, Bakelit | Gummi |

| | |
|---|---|
| **Kunstfasern** | überwiegend synthetisch hergestellte, makromolekulare Werkstoffe, die sich als textile Faserstoffe verarbeiten lassen. Die Fasern, z. B. Polyamidfasern, Polyesterfasern, besitzen eine sehr hohe Zugfestigkeit. |
| **Polymerisation** | chemische Reaktion, bei der Monomere mit mindestens einer Doppelbindung im Molekül zu Makromolekülen (Polymeren) reagieren |
| **Polykondensation** | chemische Reaktion, bei der Monomere meist zweier Ausgangsstoffe unter Abspaltung kleiner Moleküle, z. B. Wassermoleküle, zu Makromolekülen reagieren |
| **Kunststoffrecycling** | Wiederverwendung von Kunststoffen durch erneutes Einschmelzen von Thermoplasten (werkstoffliches Recycling) oder durch thermische Zersetzung in petrochemische Stoffe (rohstoffliches Recycling) |

# Aufgaben

**1** Polyethen (PE), Polypropen (PP) und Polyvinylchlorid (PVC) gehören zu den Kunststoffen.
- **a** Erläutere den Begriff „Kunststoff".
- **b** Stelle Eigenschaften zusammen, die beim Einsatz von Kunststoffen gegenüber Metallen von Vorteil sind.
- **c** Notiere die Strukturformel für die Monomere von PE, PP und PVC und benenne sie.
- **d** Benenne die chemische Reaktion, bei der aus den Monomeren die Polymere gebildet werden.
- **e** Entwickle die Reaktionsgleichung für die Bildung der Polymere PE, PP und PVC.
- **f** Leite aus der Molekülstruktur von PE, PP und PVC die Eigenschaften der Polymere ab und gib an, wie man diese Kunststoffe bezeichnet.
- **g** PE kann durch energiereiche Strahlung stark vernetzt werden. Erläutere, welche Eigenschaften zu erwarten sind.

**2** Kautschuk und Gummi sind zwei Elastomere, die sich jedoch in ihren Eigenschaften unterscheiden.
- **a** Kautschuk ist ein Polyisopren mit einer Molekülmasse zwischen $3 \cdot 10^5$ und $5 \cdot 10^5$ u, bei dem Isoprenmoleküle (2-Methylbuta-1,3-dien) miteinander verknüpft sind.
  Begründe, warum die Molekülmasse kein konstanter Wert sein kann.
- **b** Gummi entsteht beim Vulkanisieren von Kautschuk. Beschreibe die Vorgänge, die dabei ablaufen.
- **c** Nenne Möglichkeiten, die Elastizität von Gummi zu beeinflussen.

**3** Wenn schwefelhaltige Kunststoffe in der Müllverbrennungsanlage verbrennen, entsteht u. a. Schwefeldioxid. Begründe die Notwendigkeit der Rauchgasentschwefelung.

**4** Vergleiche Polymerisation und Polykondensation unter folgenden Aspekten:
- Zuordnung zu einer Reaktionsart
- Strukturmerkmal der Monomere
- Entstehung von Nebenprodukten

**5** Stelle in einer Tabelle die Eigenschaften und die Molekülstruktur von Thermoplasten, Duroplasten und Elastomeren zusammen und gib jeweils ein Beispiel an.

**6** Zeige an Beispielen, dass Kunststoffe die Umwelt belasten können.

**7** Wiederverwertung von Kunststoffen
- **a** Gib an, was unter dem Begriff „Kunststoffrecycling" verstanden wird.
- **b** Nenne und erläutere Verfahren, die für die Wiederverwertung von Kunststoffabfällen genutzt werden.

**8** Vergleiche anhand von zwei Beispielen Naturfasern mit Kunstfasern.

**9** Polyamidfasern werden zur Herstellung von Gardinen verwendet.
Nenne einen Nachteil, den diese Art von Gardinen hat.

**10** Richtig oder falsch? Begründe deine Entscheidung.
- **a** Spirituosen darf man nicht in Kunststoffflaschen füllen, dies beeinträchtigt den Geschmack.
- **b** Die Verwendung von PVC als Pfannengriff ist gefährlich.
- **c** Eine Möglichkeit, Kunststoffabfälle zu sortieren, ist das Schwimm-Sink-Verfahren. Dieses Verfahren beruht auf den thermischen Eigenschaften der Stoffe.

**Hilfe zu den Aufgaben findest du auf den Seiten ...**

| | | | |
|---|---|---|---|
| 1 | 97 f., 100 | 6 | 104 |
| 2 | 102 f. | 7 | 104 f. |
| 3 | 102, 105 | 8 | 104 f. |
| 4 | 98 f. | 9 | 106 f. |
| 5 | 100 f. | 10 | 97, 100, 105 |

## Material A: Klebt alles

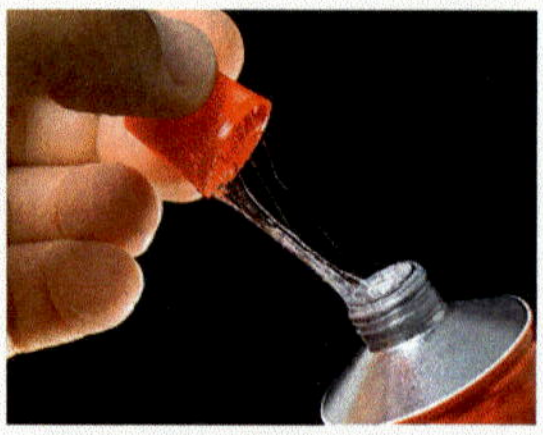

Lösungen von Polyvinylacetat (PVAC) werden als Alleskleber eingesetzt. Sie gehören zur Gruppe der lösungsmittelhaltigen Nassklebstoffe. Durch Verdunsten des Lösungsmittels, z. B. Ethansäureethylester (Ethylacetat), härtet der Klebstoff aus.
Festes Polyvinylacetat ist ein transparenter, geruchloser, thermoplastischer Kunststoff.

**A1** Alleskleber – flüssiger Klebstoff

Ausgangsstoff für die Herstellung von Polyvinylacetat ist das Monomer Vinylacetat (Essigsäurevinylester). Es entsteht durch chemische Reaktion von Ethin (Acetylen) und Ethansäure. Vinylacetat reagiert sehr leicht unter Einfluss von Licht und Katalysatoren.

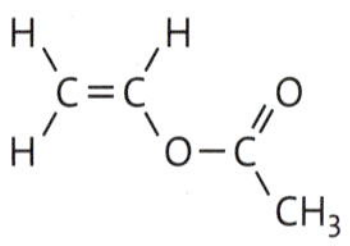

Vinylacetat

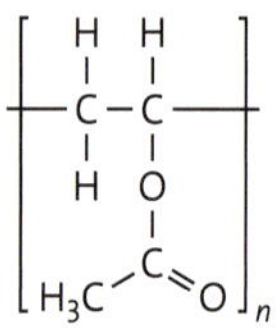

Polyvinylacetat

**A2** Herstellung von Polyvinylacetat

**1** Formuliere die Reaktionsgleichung für die Bildung von Vinylacetat aus Ethin und Ethansäure und benenne die Reaktionsart (▸**A2**).

**2** Erläutere, wie aus dem Monomer Vinylacetat das Polymer Polyvinylacetat gebildet wird. Gib die Reaktionsart an (▸**A2**).

**3** Bei der Anwendung als Alleskleber wird der flüssige Klebstoff auf die zu verbindenden Teile aufgetragen. Beschreibe, wie der flüssige Klebstoff nach dem Auftragen aushärtet (▸**A1**).

**4** Mit Alleskleber verklebte Bauteile können mit Ethansäureethylester wieder gelöst werden – mit Wasser nicht. Erkläre (▸**A1**).

**5** Begründe, wie sich das Polymer Polyvinylacetat beim Erhitzen verhält und was das für die Verwendbarkeit als Kleber bedeutet.

## Material B: PET – Kunststoff für Wasserflaschen

Wasserflaschen aus PET (Polyethylenterephthalat) sind leichter als Glasflaschen und unzerbrechlich. Deshalb werden sie gern beim Sport und in der Freizeit verwendet. Weltweit haben PET-Flaschen zunehmend Bedeutung für das Abfüllen von Trinkwasser. Wasser in PET-Flaschen kann mit UV-A-Strahlung entkeimt werden. Damit können sich Menschen in Entwicklungsländern leichter mit sauberem Trinkwasser versorgen.
Gebrauchte PET-Flaschen werden in Europa zu fast 50 % wiederverwertet, in den Entwicklungsländern jedoch häufig mit dem Müll über Flüsse entsorgt und gelangen letztlich in die Ozeane.

**B1** Wasserflaschen aus PET

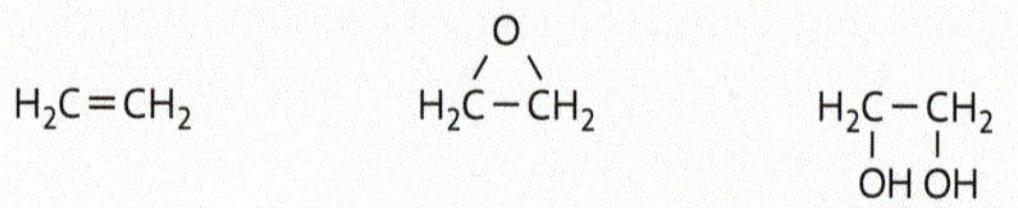

Ethen Epoxyethan Ethan-1,2-diol

Ein Ausgangsstoff für die Herstellung von PET ist Ethen. Dieses reagiert mit Sauerstoff exotherm am Silberoxidkatalysator zu Epoxyethan. Dabei stellt sich ein chemisches Gleichgewicht ein. Das Gas wird bei 200 °C und erhöhtem Druck mit Wasserdampf zu Ethan-1,2-diol umgesetzt. Dieses reagiert mit Terephthalsäure – einer Dicarbonsäure – zu PET, als Nebenprodukt entsteht Wasser.

**B2** Kurzbeschreibung zur Herstellung von PET

**1** Begründe, warum sich Flaschen aus PET für Trinkwasser eignen. Erläutere Vor- und Nachteile (▸**B1**).

**2** Erläutere am Beispiel der Bildung von Epoxyethan, was man unter einem chemischen Gleichgewicht versteht (▸**B2**).

**3** Begründe die Verwendung des Katalysators bei der Bildung von Epoxyethan (▸**B2**).

**4** Entwickle ein Fließschema zur Herstellung von PET (▸**B2**).

**5** Bestimme und erläutere die Reaktionsart, die bei der Bildung von PET aus Terephthalsäure und Ethan-1,2-diol Anwendung findet. Ordne dem Reaktionsprodukt eine Stoffklasse zu (▸**B2**).

## Material C: Filmtabletten

Um den unangenehmen Geschmack oder Geruch eines Medikaments zu überdecken, werden Tabletten häufig mit einem Zuckerüberzug versehen. Im Magen zerfallen die Tabletten rasch, damit sich der Wirkstoff lösen und schnell aufgenommen werden kann. Sogenannte Filmtabletten mit einem Kunststoffüberzug aus Polymethacrylsäure lösen sich nur in basischer, jedoch nicht in saurer Lösung und setzen den Wirkstoff daher nur verzögert frei.
Ein Wirkstoff wie Acetylsalicylsäure kann so gegen akute Schmerzen oder langfristig bei Patienten mit verengten Herzkranzgefäßen als Blutverdünner angewandt werden. Er wird deshalb in unbefilmten und befilmten Tablette angeboten.

**C1** Tabletten mit und ohne Überzug

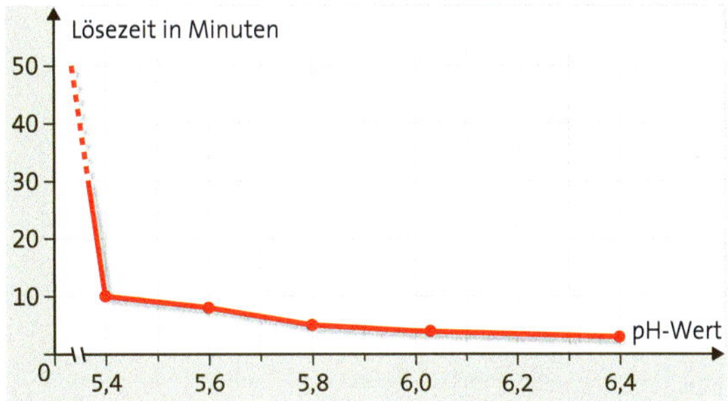


**C2** Lösezeit von Filmtabletten in Abhängigkeit vom pH-Wert der Lösung

| Verdauungstrakt | Verweildauer | pH |
|---|---|---|
| Mund und Speiseröhre | 20 bis 30 s | 5 bis 8 |
| Magen | 0,5 bis 3 h | 1,5 |
| Darm | 6 bis 10 h | 6 bis 7 |

**C3** Verweildauer von Tabletten im Verdauungssystem

**1** Begründe, warum Tabletten befilmt werden (▸**C1**).

**2** Gib an, in welchem Bereich des Verdauungstrakts sich die beiden Tablettenformen des Medikaments jeweils auflösen werden (▸**C1–C3**).

**3** Begründe, welche der beiden Tablettenformen als Schmerzmittel geeignet ist und welche eher als Blutverdünner infrage kommt (▸**C1–C3**).

**4** Die Herstellung des Kunststoffüberzugs erfolgt durch Polymerisation. Erläutere diese Reaktionsart und formuliere eine Wortgleichung (▸**C1**).

## Material D: Abax ater

Der einheimische Laufkäfer Abax ater spritzt bei Bedrohung ein Sekret aus der Hinterleibsdrüse, das zu 95 % die Verbindung 2-Methylpropensäure (Methacrylsäure) enthält.
Der Gegner wird binnen weniger Sekunden bewegungsunfähig, da er mit einer Polymerschicht überzogen wird.

**D1** Der Laufkäfer Abax ater

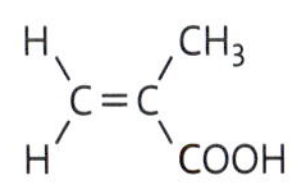


**D2** Strukturformel von 2-Methylpropensäure

**1** Beschreibe den Bau des Moleküls der 2-Methylpropensäure. Nenne die charakteristischen Strukturmerkmale des Moleküls (▸**D2**).

**2** Benenne das Strukturmerkmal der 2-Methylpropensäure, das die Bildung eines Polymers ermöglicht. Erläutere diese Bildung und gib auch die Reaktionsart an (▸**D1, D2**).

**3** Gib einen Ausschnitt des Polymers an (▸**D2**).

# Einstufung von Gefahrstoffen nach der GHS-Verordnung

Mit dem neuen GHS (*Globally Harmonised System of Classification and Labelling of Chemicals*) werden die Kriterien für die Einstufung der Gefahrstoffe neu festgelegt und mit international einheitlichen Piktogrammen versehen. Neu ist auch die Verwendung der Signalwörter **Gefahr** und **Achtung** für das Ausmaß der Gefahr: „Gefahr“ bei hoher Gefährdung oder „Achtung“ bei geringerer Gefährdung. Das GHS gilt seit 2009; für die bisherige Verordnung gelten Übergangsfristen.

| Gefahren-piktogramm und Piktogrammcode | Mit dem Gefahrenpiktogramm gekennzeichnete Stoffe und Gemische | Signalwort | Kennzeichnung nach bisheriger Gefahrstoffverordnung | |
|---|---|---|---|---|
| | | | Gefahrensymbol | Gefahrenhinweise |
| GHS01 | explosive und sehr gefährliche selbstzersetzliche Stoffe und Gemische sowie sehr gefährliche organische Peroxide | Gefahr oder Achtung | E | R2, R3 |
| GHS02 | entzündbare, selbsterhitzungsfähige und gefährliche selbstzersetzliche Stoffe und Gemische, pyrophore Stoffe sowie Stoffe und Gemische, die bei Berührung mit Wasser entzündbare Gase entwickeln | Gefahr oder Achtung | F+ oder F oder – | R12, R11 oder R10; R17; R15 |
| GHS02 | gefährliche organische Peroxide | Gefahr oder Achtung | O | R7 |
| GHS03 | Stoffe und Gemische mit oxidierender Wirkung | Gefahr oder Achtung | O | R8, R9 |
| GHS04* | Gase unter Druck | Achtung | – | |
| GHS05 | Stoffe und Gemische, die korrosiv auf Metalle wirken | Achtung | – | |
| GHS05 | Stoffe und Gemische, die schwere Verätzungen der Haut und/oder schwere Augenschäden verursachen | Gefahr | C oder Xi | R34, R35; R41 |
| GHS06 | lebensgefährliche und giftige Stoffe und Gemische | Gefahr | T+ oder T | R26, R27, R28 oder R23, R24, R25 |
| GHS07 | gesundheitsschädliche Stoffe und Gemische | Achtung | Xn | R20, R21, R22 |
| GHS07 | Stoffe und Gemische, die Haut- und/oder Augenreizungen verursachen und/oder allergische Hautreaktionen, Reizungen der Atemwege und/oder Schläfrigkeit und Benommenheit verursachen können | Achtung | Xi | R36, R37, R38; R43; R67 |
| GHS08 | Stoffe und Gemische, die bei Verschlucken und Eindringen in die Atemwege tödlich sein können und/oder eine Gefahr für die Gesundheit darstellen. Diese Stoffe und Gemische schädigen bestimmte Organe und/oder können Krebs erzeugen, die Fruchtbarkeit beeinträchtigen, das Kind im Mutterleib schädigen und/oder genetische Defekte und/oder beim Einatmen Allergien, asthmaartige Symptome oder Atembeschwerden verursachen. | Gefahr oder Achtung | T+ T oder Xn | R45, R49, R40; R60, R62; R61, R63; R46; R39/…; R68/…; R48/…; R42; R33; R65 |
| GHS09 | Stoffe und Gemische, die sehr giftig oder giftig für Wasserorganismen sind | Achtung oder – | N | R50, R50/53 R51/53 |

* Die in den Experimenten verwendeten Gase stehen meist nicht unter Druck, daher wird dort in der Regel auf diese Kennzeichnung verzichtet. In der Gefahrstoffliste sind alle Gase auch mit GHS04 gekennzeichnet.

## Gefahrenhinweise (H-Sätze)

### Gefahrenhinweise für physikalische Gefahren

| | |
|---|---|
| **H200** | Instabil, explosiv. |
| **H201** | Explosiv, Gefahr der Massenexplosion. |
| **H202** | Explosiv; große Gefahr durch Splitter, Spreng- und Wurfstücke. |
| **H203** | Explosiv; Gefahr durch Feuer, Luftdruck oder Splitter, Spreng- und Wurfstücke. |
| **H204** | Gefahr durch Feuer oder Splitter, Spreng- und Wurfstücke. |
| **H205** | Gefahr der Massenexplosion bei Feuer. |
| **H220** | Extrem entzündbares Gas. |
| **H221** | Entzündbares Gas. |
| **H222** | Extrem entzündbares Aerosol. |
| **H223** | Entzündbares Aerosol. |
| **H224** | Flüssigkeit und Dampf extrem entzündbar. |
| **H225** | Flüssigkeit und Dampf leicht entzündbar. |
| **H226** | Flüssigkeit und Dampf entzündbar. |
| **H228** | Entzündbarer Feststoff. |
| **H240** | Erwärmung kann Explosion verursachen. |
| **H241** | Erwärmung kann Brand oder Explosion verursachen. |
| **H242** | Erwärmung kann Brand verursachen. |
| **H250** | Entzündet sich in Berührung mit Luft von selbst. |
| **H251** | Selbsterhitzungsfähig; kann in Brand geraten. |
| **H252** | In großen Mengen selbsterhitzungsfähig; kann in Brand geraten. |
| **H260** | In Berührung mit Wasser entstehen entzündbare Gase, die sich spontan entzünden können. |
| **H261** | In Berührung mit Wasser entstehen entzündbare Gase. |
| **H270** | Kann Brand verursachen oder verstärken; Oxidationsmittel. |
| **H271** | Kann Brand oder Explosion verursachen; starkes Oxidationsmittel. |
| **H272** | Kann Brand verstärken; Oxidationsmittel. |
| **H280** | Enthält Gas unter Druck; kann bei Erwärmung explodieren. |
| **H281** | Enthält tiefkaltes Gas; kann Kälteverbrennungen oder -verletzungen verursachen. |
| **H290** | Kann gegenüber Metallen korrosiv sein. |

### Gefahrenhinweise für Gesundheitsgefahren

| | |
|---|---|
| **H300** | Lebensgefahr bei Verschlucken. |
| **H301** | Giftig bei Verschlucken. |
| **H302** | Gesundheitsschädlich bei Verschlucken. |
| **H304** | Kann bei Verschlucken und Eindringen in die Atemwege tödlich sein. |
| **H310** | Lebensgefahr bei Hautkontakt. |
| **H311** | Giftig bei Hautkontakt. |
| **H312** | Gesundheitsschädlich bei Hautkontakt. |
| **H314** | Verursacht schwere Verätzungen der Haut und schwere Augenschäden. |
| **H315** | Verursacht Hautreizungen. |
| **H317** | Kann allergische Hautreaktionen verursachen. |
| **H318** | Verursacht schwere Augenschäden. |
| **H319** | Verursacht schwere Augenreizung. |
| **H330** | Lebensgefahr bei Einatmen. |
| **H331** | Giftig bei Einatmen. |
| **H332** | Gesundheitsschädlich bei Einatmen. |
| **H334** | Kann bei Einatmen Allergie, asthmaartige Symptome oder Atembeschwerden verursachen. |
| **H335** | Kann die Atemwege reizen. |
| **H336** | Kann Schläfrigkeit und Benommenheit verursachen. |
| **H340** | Kann genetische Defekte verursachen <*Expositionsweg angeben, sofern schlüssig belegt ist, dass diese Gefahr bei keinem anderen Expositionsweg besteht*>. |
| **H341** | Kann vermutlich genetische Defekte verursachen <*Expositionsweg angeben, sofern schlüssig belegt ist, dass diese Gefahr bei keinem anderen Expositionsweg besteht*>. |
| **H350** | Kann Krebs erzeugen <*Expositionsweg angeben, sofern schlüssig belegt ist, dass diese Gefahr bei keinem anderen Expositionsweg besteht*>. |
| **H350i** | Kann beim Einatmen Krebs erzeugen. |
| **H351** | Kann vermutlich Krebs erzeugen <*Expositionsweg angeben, sofern schlüssig belegt ist, dass diese Gefahr bei keinem anderen Expositionsweg besteht*>. |
| **H360** | Kann die Fruchtbarkeit beeinträchtigen oder das Kind im Mutterleib schädigen <*konkrete Wirkung angeben, sofern bekannt*> <*Expositionsweg angeben, sofern schlüssig belegt ist, dass die Gefahr bei keinem anderen Expositionsweg besteht*>. |
| **H360F** | Kann die Fruchtbarkeit beeinträchtigen. |
| **H360D** | Kann das Kind im Mutterleib schädigen. |
| **H360FD** | Kann die Fruchtbarkeit beeinträchtigen. Kann das Kind im Mutterleib schädigen. |
| **H360Fd** | Kann die Fruchtbarkeit beeinträchtigen. Kann vermutlich das Kind im Mutterleib schädigen. |
| **H360Df** | Kann das Kind im Mutterleib schädigen. Kann vermutlich die Fruchtbarkeit beeinträchtigen. |
| **H361** | Kann vermutlich die Fruchtbarkeit beeinträchtigen oder das Kind im Mutterleib schädigen <*konkrete Wirkung angeben, sofern bekannt*> <*Expositionsweg angeben, sofern schlüssig belegt ist, dass die Gefahr bei keinem anderen Expositionsweg besteht*>. |
| **H361f** | Kann vermutlich die Fruchtbarkeit beeinträchtigen. |
| **H361d** | Kann vermutlich das Kind im Mutterleib schädigen. |
| **H361fd** | Kann vermutlich die Fruchtbarkeit beeinträchtigen. Kann vermutlich das Kind im Mutterleib schädigen. |
| **H362** | Kann Säuglinge über die Muttermilch schädigen. |
| **H370** | Schädigt die Organe <*oder alle betroffenen Organe nennen, sofern bekannt*> <*Expositionsweg angeben, sofern schlüssig belegt ist, dass diese Gefahr bei keinem anderen Expositionsweg besteht*>. |
| **H371** | Kann die Organe schädigen <*oder alle betroffenen Organe nennen, sofern bekannt*> <*Expositionsweg angeben, sofern schlüssig belegt ist, dass diese Gefahr bei keinem anderen Expositionsweg besteht*>. |
| **H372** | Schädigt die Organe <*alle betroffenen Organe nennen*> bei längerer oder wiederholter Exposition <*Expositionsweg angeben, wenn schlüssig belegt ist, dass diese Gefahr bei keinem anderen Expositionsweg besteht*>. |
| **H373** | Kann die Organe schädigen <*alle betroffenen Organe nennen, sofern bekannt*> bei längerer oder wiederholter Exposition <*Expositionsweg angeben, wenn schlüssig belegt ist, dass diese Gefahr bei keinem anderen Expositionsweg besteht*>. |

### Gefahrenhinweise für Umweltgefahren

| | |
|---|---|
| **H400** | Sehr giftig für Wasserorganismen. |
| **H410** | Sehr giftig für Wasserorganismen, mit langfristiger Wirkung. |
| **H411** | Giftig für Wasserorganismen, mit langfristiger Wirkung. |
| **H412** | Schädlich für Wasserorganismen, mit langfristiger Wirkung. |
| **H413** | Kann für Wasserorganismen schädlich sein, mit langfristiger Wirkung. |

## Ergänzende Gefahrenmerkmale

### Physikalische Eigenschaften

| | |
|---|---|
| **EUH001** | In trockenem Zustand explosionsgefährlich. |
| **EUH006** | Mit und ohne Luft explosionsfähig. |
| **EUH014** | Reagiert heftig mit Wasser. |
| **EUH018** | Kann bei Verwendung explosionsfähige/entzündbare Dampf/Luft-Gemische bilden. |
| **EUH019** | Kann explosionsfähige Peroxide bilden. |
| **EUH044** | Explosionsgefahr bei Erhitzen unter Einschluss. |

### Gesundheitsgefährliche Eigenschaften

| | |
|---|---|
| **EUH029** | Entwickelt bei Berührung mit Wasser giftige Gase. |
| **EUH031** | Entwickelt bei Berührung mit Säure giftige Gase. |
| **EUH032** | Entwickelt bei Berührung mit Säure sehr giftige Gase. |
| **EUH066** | Wiederholter Kontakt kann zu spröder oder rissiger Haut führen. |
| **EUH070** | Giftig bei Berührung mit den Augen. |
| **EUH071** | Wirkt ätzend auf die Atemwege. |

### Umweltgefährliche Eigenschaften

| | |
|---|---|
| **EUH059** | Die Ozonschicht schädigend. |

## Ergänzende Kennzeichnungselemente / Informationen über bestimmte Stoffe und Gemische

| | |
|---|---|
| **EUH201** | Enthält Blei. Nicht für den Anstrich von Gegenständen verwenden, die von Kindern gekaut oder gelutscht werden könnten. |
| **EUH201A** | Achtung! Enthält Blei. |
| **EUH202** | Cyanacrylat. Gefahr. Klebt innerhalb von Sekunden Haut und Augenlider zusammen. Darf nicht in die Hände von Kindern gelangen. |
| **EUH203** | Enthält Chrom (VI). Kann allergische Reaktionen hervorrufen. |
| **EUH204** | Enthält Isocyanate. Kann allergische Reaktionen hervorrufen. |
| **EUH205** | Enthält epoxidhaltige Verbindungen. Kann allergische Reaktionen hervorrufen. |
| **EUH206** | Achtung! Nicht zusammen mit anderen Produkten verwenden, da gefährliche Gase (Chlor) freigesetzt werden können. |
| **EUH207** | Achtung! Enthält Cadmium. Bei der Verwendung entstehen gefährliche Dämpfe. Hinweise des Herstellers beachten. Sicherheitsanweisungen einhalten. |
| **EUH208** | Enthält <*Name des sensibilisierenden Stoffes*>. Kann allergische Reaktionen hervorrufen. |
| **EUH209** | Kann bei Verwendung leicht entzündbar werden. |
| **EUH209A** | Kann bei Verwendung entzündbar werden. |
| **EUH210** | Sicherheitsdatenblatt auf Anfrage erhältlich. |
| **EUH401** | Zur Vermeidung von Risiken für Mensch und Umwelt die Gebrauchsanleitung einhalten. |

## Sicherheitshinweise (P-Sätze)

### Sicherheitshinweise – Allgemeines

| | |
|---|---|
| **P101** | Ist ärztlicher Rat erforderlich, Verpackung oder Kennzeichnungsetikett bereithalten. |
| **P102** | Darf nicht in die Hände von Kindern gelangen. |
| **P103** | Vor Gebrauch Kennzeichnungsetikett lesen. |

### Sicherheitshinweise – Prävention

| | |
|---|---|
| **P201** | Vor Gebrauch besondere Anweisungen einholen. |
| **P202** | Vor Gebrauch alle Sicherheitshinweise lesen und verstehen. |
| **P210** | Von Hitze/Funken/offener Flamme/heißen Oberflächen fernhalten. Nicht rauchen. |
| **P211** | Nicht gegen offene Flamme oder andere Zündquelle sprühen. |
| **P220** | Von Kleidung/.../brennbaren Materialien fernhalten/ entfernt aufbewahren. |
| **P221** | Mischen mit brennbaren Stoffen/... unbedingt verhindern. |
| **P222** | Kontakt mit Luft nicht zulassen. |
| **P223** | Kontakt mit Wasser wegen heftiger Reaktion und möglichem Aufflammen unbedingt verhindern. |
| **P230** | Feucht halten mit ... |
| **P231** | Unter inertem Gas handhaben. |
| **P232** | Vor Feuchtigkeit schützen. |
| **P233** | Behälter dicht verschlossen halten. |
| **P234** | Nur im Originalbehälter aufbewahren. |
| **P235** | Kühl halten. |
| **P240** | Behälter und zu befüllende Anlage erden. |
| **P241** | Explosionsgeschützte elektrische Betriebsmittel/ Lüftungsanlagen/Beleuchtung/... verwenden. |
| **P242** | Nur funkenfreies Werkzeug verwenden. |
| **P243** | Maßnahmen gegen elektrostatische Aufladungen treffen. |
| **P244** | Druckminderer frei von Fett und Öl halten. |
| **P250** | Nicht schleifen/stoßen/.../reiben. |
| **P251** | Behälter steht unter Druck: Nicht durchstechen oder verbrennen, auch nicht nach der Verwendung. |
| **P260** | Staub/Rauch/Gas/Nebel/Dampf/Aerosol nicht einatmen. |
| **P261** | Einatmen von Staub/Rauch/Gas/Nebel/Dampf/Aerosol vermeiden. |
| **P262** | Nicht in die Augen, auf die Haut oder auf die Kleidung gelangen lassen. |
| **P263** | Kontakt während der Schwangerschaft und der Stillzeit vermeiden. |
| **P264** | Nach Gebrauch ... gründlich waschen. |
| **P270** | Bei Gebrauch nicht essen, trinken oder rauchen. |
| **P271** | Nur im Freien oder in gut belüfteten Räumen verwenden. |
| **P272** | Kontaminierte Arbeitskleidung nicht außerhalb des Arbeitsplatzes tragen. |
| **P273** | Freisetzung in die Umwelt vermeiden. |
| **P280** | Schutzhandschuhe/Schutzkleidung/Augenschutz/ Gesichtsschutz tragen. |
| **P281** | Vorgeschriebene persönliche Schutzausrüstung verwenden. |
| **P282** | Schutzhandschuhe/Gesichtsschild/Augenschutz mit Kälteisolierung tragen. |
| **P283** | Schwer entflammbare/flammhemmende Kleidung tragen. |
| **P284** | Atemschutz tragen. |
| **P285** | Bei unzureichender Belüftung Atemschutz tragen. |
| **P231 + P232** | Unter inertem Gas handhaben. Vor Feuchtigkeit schützen. |
| **P235 + P410** | Kühl halten. Vor Sonnenbestrahlung schützen. |

### Sicherheitshinweise – Reaktion

| | |
|---|---|
| **P301** | BEI VERSCHLUCKEN: |
| **P302** | BEI BERÜHRUNG MIT DER HAUT: |
| **P303** | BEI BERÜHRUNG MIT DER HAUT (oder dem Haar): |
| **P304** | BEI EINATMEN: |
| **P305** | BEI KONTAKT MIT DEN AUGEN: |
| **P306** | BEI KONTAMINIERTER KLEIDUNG: |
| **P307** | BEI Exposition: |
| **P308** | BEI Exposition oder falls betroffen: |
| **P309** | BEI Exposition oder Unwohlsein: |
| **P310** | Sofort GIFTINFORMATIONSZENTRUM oder Arzt anrufen. |
| **P311** | GIFTINFORMATIONSZENTRUM oder Arzt anrufen. |
| **P312** | Bei Unwohlsein GIFTINFORMATIONSZENTRUM oder Arzt anrufen. |
| **P313** | Ärztlichen Rat einholen/ärztliche Hilfe hinzuziehen. |
| **P314** | Bei Unwohlsein ärztlichen Rat einholen/ärztliche Hilfe hinzuziehen. |
| **P315** | Sofort ärztlichen Rat einholen/ärztliche Hilfe hinzuziehen. |
| **P320** | Besondere Behandlung dringend erforderlich (siehe ... auf diesem Kennzeichnungsetikett). |
| **P321** | Besondere Behandlung (siehe ... auf diesem Kennzeichnungsetikett). |
| **P322** | Gezielte Maßnahmen (siehe ... auf diesem Kennzeichnungsetikett). |
| **P330** | Mund ausspülen. |
| **P331** | KEIN Erbrechen herbeiführen. |
| **P332** | Bei Hautreizung: |
| **P333** | Bei Hautreizung oder -ausschlag: |
| **P334** | In kaltes Wasser tauchen/nassen Verband anlegen. |
| **P335** | Lose Partikel von der Haut abbürsten. |
| **P336** | Vereiste Bereiche mit lauwarmem Wasser auftauen. Betroffenen Bereich nicht reiben. |
| **P337** | Bei anhaltender Augenreizung: |
| **P338** | Eventuell Vorhandene Kontaktlinsen nach Möglichkeit entfernen. Weiter ausspülen. |
| **P340** | Die betroffene Person an die frische Luft bringen und in einer Position ruhig stellen, die das Atmen erleichtert. |
| **P341** | Bei Atembeschwerden an die frische Luft bringen und in einer Position ruhig stellen, die das Atmen erleichtert. |
| **P342** | Bei Symptomen der Atemwege: |
| **P350** | Behutsam mit viel Wasser und Seife waschen. |
| **P351** | Einige Minuten lang behutsam mit Wasser ausspülen. |
| **P352** | Mit viel Wasser und Seife waschen. |
| **P353** | Haut mit Wasser abwaschen/duschen. |
| **P360** | Kontaminierte Kleidung und Haut sofort mit viel Wasser abwaschen und danach Kleidung ausziehen. |
| **P361** | Alle kontaminierten Kleidungsstücke sofort ausziehen. |
| **P362** | Kontaminierte Kleidung ausziehen und vor erneutem Tragen waschen. |
| **P363** | Kontaminierte Kleidung vor erneutem Tragen waschen. |
| **P370** | Bei Brand: |
| **P371** | Bei Großbrand und großen Mengen: |
| **P372** | Explosionsgefahr bei Brand. |
| **P373** | KEINE Brandbekämpfung, wenn das Feuer explosive Stoffe/ Gemische/Erzeugnisse erreicht. |
| **P374** | Brandbekämpfung mit üblichen Vorsichtsmaßnahmen aus angemessener Entfernung. |
| **P375** | Wegen Explosionsgefahr Brand aus der Entfernung bekämpfen. |
| **P376** | Undichtigkeit beseitigen, wenn gefahrlos möglich. |
| **P377** | Brand von ausströmendem Gas: Nicht löschen, bis Undichtigkeit gefahrlos beseitigt werden kann. |
| **P378** | ... zum Löschen verwenden. |
| **P380** | Umgebung räumen. |
| **P381** | Alle Zündquellen entfernen, wenn gefahrlos möglich. |
| **P390** | Verschüttete Mengen aufnehmen, um Materialschäden zu vermeiden. |
| **P391** | Verschüttete Mengen aufnehmen. |
| **P301 + P310** | BEI VERSCHLUCKEN: Sofort GIFTINFORMATIONS-ZENTRUM oder Arzt anrufen. |
| **P301 + P312** | BEI VERSCHLUCKEN: Bei Unwohlsein GIFTINFOR-MATIONSZENTRUM oder Arzt anrufen. |
| **P301 + P330 + P331** | BEI VERSCHLUCKEN: Mund ausspülen. KEIN Erbrechen herbeiführen. |
| **P302 + P334** | BEI KONTAKT MIT DER HAUT: In kaltes Wasser tauchen/nassen Verband anlegen. |
| **P302 + P350** | BEI KONTAKT MIT DER HAUT: Behutsam mit viel Wasser und Seife waschen. |
| **P302 + P352** | BEI KONTAKT MIT DER HAUT: Mit viel Wasser und Seife waschen. |
| **P303 + P361 + P353** | BEI KONTAKT MIT DER HAUT (oder dem Haar): Alle kontaminierten Kleidungsstücke sofort ausziehen. Haut mit Wasser abwaschen/duschen. |
| **P304 + P340** | BEI EINATMEN: An die frische Luft bringen und in einer Position ruhig stellen, die das Atmen erleichtert. |
| **P304 + P341** | BEI EINATMEN: Bei Atembeschwerden an die frische Luft bringen und in einer Position ruhig stellen, die das Atmen erleichtert. |
| **P305 + P351 + P338** | BEI KONTAKT MIT DEN AUGEN: Einige Minuten lang behutsam mit Wasser spülen. Vorhandene Kontaktlinsen nach Möglichkeit entfernen. Weiter spülen. |
| **P306 + P360** | BEI KONTAKT MIT DER KLEIDUNG: Kontaminierte Kleidung und Haut sofort mit viel Wasser abwaschen und danach Kleidung ausziehen. |
| **P307 + P311** | BEI Exposition: GIFTINFORMATIONSZENTRUM oder Arzt anrufen. |
| **P308 + P313** | BEI Exposition oder falls betroffen: Ärztlichen Rat einholen/ ärztliche Hilfe hinzuziehen. |
| **P309 + P311** | BEI Exposition oder Unwohlsein: GIFTINFORMATIONS-ZENTRUM oder Arzt anrufen. |
| **P332 + P313** | Bei Hautreizung: Ärztlichen Rat einholen/ärztliche Hilfe hinzuziehen. |
| **P333 + P313** | Bei Hautreizung oder -ausschlag: Ärztlichen Rat einholen/ ärztliche Hilfe hinzuziehen. |
| **P335 + P334** | Lose Partikel von der Haut abbürsten. In kaltes Wasser tauchen/nassen Verband anlegen. |

**P337 + P313** Bei anhaltender Augenreizung: Ärztlichen Rat einholen/ärztliche Hilfe hinzuziehen.
**P342 + P311** Bei Symptomen der Atemwege: GIFTINFORMATIONSZENTRUM oder Arzt anrufen.
**P370 + P376** Bei Brand: Undichtigkeit beseitigen, wenn gefahrlos möglich.
**P370 + P378** Bei Brand: … zum Löschen verwenden.
**P370 + P380** Bei Brand: Umgebung räumen.
**P370 + P380 + P375** Bei Brand: Umgebung räumen. Wegen Explosionsgefahr Brand aus der Entfernung bekämpfen.
**P371 + P380 + P375** Bei Großbrand und großen Mengen: Umgebung räumen. Wegen Explosionsgefahr Brand aus der Entfernung bekämpfen.

### Sicherheitshinweise – Aufbewahrung

**P401** … aufbewahren.
**P402** An einem trockenen Ort aufbewahren.
**P403** An einem gut belüfteten Ort aufbewahren.
**P404** In einem geschlossenen Behälter aufbewahren.
**P405** Unter Verschluss aufbewahren.
**P406** In korrosionsbeständigem/… Behälter mit korrosionsbeständiger Auskleidung aufbewahren.
**P407** Luftspalt zwischen Stapeln/Paletten lassen.
**P410** Vor Sonnenbestrahlung schützen.
**P411** Bei Temperaturen von nicht mehr als … °C aufbewahren.
**P412** Nicht Temperaturen von mehr als 50 °C aussetzen.
**P413** Schüttgut in Mengen von mehr als … kg bei Temperaturen von nicht mehr als … °C aufbewahren.
**P420** Von anderen Materialien entfernt aufbewahren.
**P422** Inhalt in/unter … aufbewahren.
**P402 + P404** In einem geschlossenen Behälter an einem trockenen Ort aufbewahren.
**P403 + P233** Behälter dicht verschlossen an einem gut belüfteten Ort aufbewahren.
**P403 + P235** Kühl an einem gut belüfteten Ort aufbewahren.
**P410 + P403** Vor Sonnenbestrahlung geschützt an einem gut belüfteten Ort aufbewahren.
**P410 + P412** Vor Sonnenbestrahlung schützen und nicht Temperaturen von mehr als 50 °C aussetzen.
**P411 + P235** Kühl und bei Temperaturen von nicht mehr als … °C aufbewahren.

### Sicherheitshinweise – Entsorgung

**P501** Inhalt/Behälter … zuführen.

## Entsorgungsratschläge (E-Sätze)

**E 1** Verdünnen, in den Ausguss geben (WGK 0 bzw. 1)
**E 2** Neutralisieren, in den Ausguss geben
**E 3** In den Hausmüll geben, gegebenenfalls im Polyethylenbeutel (Stäube)
**E 4** Als Sulfid fällen
**E 5** Mit Calcium-Ionen fällen, dann E 1 oder E 3
**E 6** Nicht in den Hausmüll geben
**E 7** Im Abzug entsorgen
**E 8** Der Sondermüllbeseitigung zuführen (Adresse zu erfragen bei der Kreis- oder Stadtverwaltung), Abfallschlüssel beachten
**E 9** Unter größter Vorsicht in kleinsten Portionen reagieren lassen (z. B. offen im Freien verbrennen)
**E 10** In gekennzeichneten Behältern sammeln:
1. „Organische Abfälle – halogenhaltig"
2. „Organische Abfälle – halogenfrei", dann E 8

**E 11** Als Hydroxid fällen (pH = 8), den Niederschlag zu E 8
**E 12** Nicht in die Kanalisation gelangen lassen
**E 13** Aus der Lösung mit unedlem Metall (z. B. Eisen) als Metall abscheiden (E 14, E 3)
**E 14** Recycling-geeignet (Redestillation oder einem Recyclingunternehmen zuführen)
**E 15** Mit Wasser vorsichtig umsetzen, frei werdende Gase absorbieren oder ins Freie ableiten
**E 16** Entsprechend den speziellen Ratschlägen für die Beseitigungsgruppen beseitigen

## Entsorgung von Chemikalienabfällen

Nach dem Experimentieren werden die Reste in die dafür vorgesehenen Sammelbehälter gegeben:

| nicht gefährliche und wasserlösliche Chemikalien | nicht gefährliche und feste Chemikalien | Säuren und Laugen | giftige anorganische Chemikalien | halogenfreie organische Chemikalien | halogenhaltige organische Chemikalien |
|---|---|---|---|---|---|
| z. B. Natriumchlorid, Natriumcarbonat, Wasserstoffperoxidlösung | z. B. Eisen, Indikatorpapier | z. B. Salzsäure, Natronlauge | z. B. Kupfersulfat | z. B. Petroleumbenzin, Methanol | z. B. Trichlormethan |

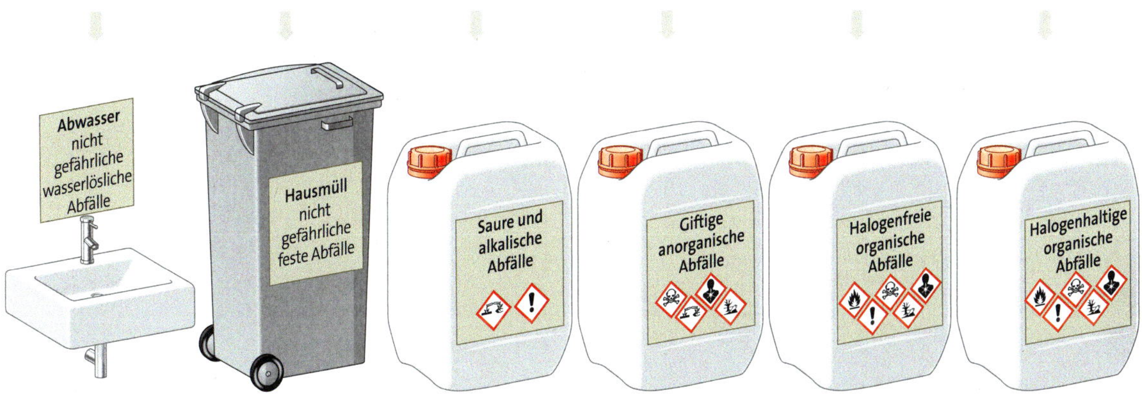


Die weitere Behandlung und Entsorgung bzw. Übergabe der Abfälle zur Sondermüllentsorgung erfolgt durch die Lehrerin bzw. den Lehrer.

Anhang

# Liste der Gefahrstoffe nach der GHS-Verordnung

| Gefahrstoff | Signalwort | Piktogrammcode | H-Sätze und EUH-Sätze | E-Sätze |
|---|---|---|---|---|
| **Aceton** (Propanon) | Gefahr | GHS02<br>GHS07 | H225<br>H319<br>H336<br>EUH066 | 1-10-14 |
| **Aluminium**, Grieß o. Pulver (stabilisiert) | Gefahr | GHS02 | H261<br>H228 | 6-9 |
| **Aluminiumbromid**, wasserfrei | Gefahr | GHS05<br>GHS07 | H290<br>H302<br>H314 | 2 |
| **Aluminiumchlorid**, wasserfrei | Gefahr | GHS05 | H314 | 2 |
| **Aluminiumiodid** | Gefahr | GHS05 | H314 | 2 |
| **Ameisensäure** (Methansäure) | | | | |
| $w \geq 90\,\%$ | Gefahr | GHS02<br>GHS05 | H226<br>H314 | 1-10 |
| $10\,\% \leq w < 90\,\%$ | Gefahr | GHS05 | H314 | 1-10 |
| $2\,\% \leq w < 10\,\%$ | Achtung | GHS07 | H315<br>H319 | 1-10 |
| **Ammoniak**, wasserfrei | Gefahr | GHS04<br>GHS06<br>GHS05<br>GHS09 | H221<br>H280<br>H331<br>H314<br>H400<br>EUH071 | 2-7 |
| **Ammoniaklösung** | | | | |
| $10\,\% \leq w < 25\,\%$ | Gefahr | GHS05 | H314<br>H335 | 2 |
| $5\,\% \leq w < 10\,\%$ | Achtung | GHS07 | H315<br>H319<br>H335 | 2 |
| **Ammoniumcarbonat** | Achtung | GHS07 | H302 | 1 |
| **Ammoniumchlorid** | Achtung | GHS07 | H302<br>H319 | 2 |
| **Bariumchlorid**, wasserfrei | Gefahr | GHS06 | H301<br>H332 | 1-3 |
| **Bariumchloridlösung** $3\,\% \leq w < 25\,\%$ | Achtung | GHS07 | H302 | 1 |
| **Bariumhydroxid, Bariumhydroxid-Octahydrat** | Gefahr | GHS05<br>GHS07 | H302<br>H314<br>H332 | 1-3 |
| **Bariumoxid** | Gefahr | GHS06<br>GHS05 | H301<br>H314<br>H332 | 1-3 |
| **Benzoesäure** | Achtung | GHS07 | H302<br>H319 | 10-12 |
| **Blei** (bioverfügbar) | Gefahr | GHS08<br>GHS07<br>GHS09 | H360Df<br>H302<br>H332<br>H373<br>H410 | 8 |
| **Blei(II)-acetat** | Gefahr | GHS08<br>GHS09 | H351<br>H360Df<br>H373<br>H410 | 8-14 |
| **Brom** | Gefahr | GHS06<br>GHS05<br>GHS09 | H330<br>H314<br>H400 | 16 |
| **Brommethan** (Ethylbromid) | Gefahr | GHS02<br>GHS08<br>GHS07 | H225<br>H302<br>H332<br>H351 | 10 |
| **Bromthymolblaulösung** (ethanolisch, $w = 0{,}1\,\%$) | Gefahr | GHS02 | H225 | 10 |
| **Bromwasser** $1\,\% \leq w < 5\,\%$ | Gefahr | GHS06 | H311<br>H330 | 16 |
| **Bromwasserstoff** | Gefahr | GHS04<br>GHS06<br>GHS05 | H280<br>H314<br>H331 | 2 |
| **n-Butan** | Gefahr | GHS02<br>GHS04 | H220<br>H280 | 7 |
| **Butan-1-ol** | Gefahr | GHS02<br>GHS05<br>GHS07 | H226<br>H302<br>H335<br>H315<br>H318<br>H336 | 10 |
| **Butansäure** (Buttersäure) | Gefahr | GHS05 | H314 | 10 |
| **Calcium** | Gefahr | GHS02 | H261<br>EUH014 | 15 |
| **Calciumcarbid** | Gefahr | GHS02 | H260 | 15-16 |
| **Calciumchlorid** | Achtung | GHS07 | H319 | 1 |
| **Calciumhydroxid** (Löschkalk) | Gefahr | GHS05<br>GHS07 | H315<br>H318<br>H335 | 2 |
| **Calciumoxid** | Gefahr | GHS05<br>GHS07 | H315<br>H318<br>H335 | 2 |
| **Chlor** | Gefahr | GHS03<br>GHS04<br>GHS06<br>GHS09 | H270<br>H280<br>H330<br>H319<br>H335<br>H315<br>H400<br>EUH071 | 16 |
| **Chlorethan** (Ethylchlorid) | Gefahr | GHS02<br>GHS04<br>GHS08 | H220<br>H351<br>H412 | 16 |
| **Chlormethan** (Methylchlorid) | Gefahr | GHS02<br>GHS04<br>GHS08 | H220<br>H351<br>H373 | 7-12 |
| **Chlorwasser**, gesättigt $w \approx 0{,}7\,\%$ | Achtung | GHS07 | H332 | 16 |
| **Chlorwasserstoff** | Gefahr | GHS04<br>GHS06<br>GHS05 | H280<br>H331<br>H314<br>EUH071 | 2 |
| **Citronensäure** | Gefahr | GHS05 | H318 | 3 |
| **Dibenzoylperoxid** | Gefahr | GHS02<br>GHS07 | H242<br>H319<br>H317 | 10-12 |

*w*: Massenanteil

| Gefahrstoff | Signalwort | Piktogrammcode | H-Sätze und EUH-Sätze | E-Sätze |
|---|---|---|---|---|
| **Diethylether** (Ether) | Gefahr | GHS02<br>GHS07 | H224<br>H302<br>H336<br>EUH019<br>EUH066 | 9-10-12 |
| **Eisen**, Pulver | Gefahr | GHS02 | H228 | 3 |
| **Eisen(III)-chlorid** | Gefahr | GHS05<br>GHS07 | H302<br>H315<br>H317<br>H318 | 2 |
| **Eisen(II)-sulfat, Eisen(II)-sulfatlösung**<br>$w \geq 25$ % | Achtung | GHS07 | H302<br>H319<br>H315 | 2 |
| **Eisen(II)-sulfid** | Achtung | GHS09 | H400<br>EUH031 | 8 |
| **Essigsäure** (Ethansäure) | | | | |
| $w \geq 90$ % | Gefahr | GHS02<br>GHS05 | H226<br>H314 | 2-10 |
| 25 % $\leq w <$ 90 % | Gefahr | GHS05 | H314 | 2-10 |
| 10 % $\leq w <$ 25 % | Achtung | GHS07 | H319<br>H315 | 2-10 |
| **Essigsäureanhydrid** | Gefahr | GHS02<br>GHS05<br>GHS07 | H226<br>H332<br>H302<br>H314<br>H335 | 2-10 |
| **Essigsäureethylester** (Ethylacetat) | Gefahr | GHS02<br>GHS07 | H225<br>H319<br>H336<br>EUH066 | 10-12 |
| **Ethan** | Gefahr | GHS02<br>GHS04 | H220<br>H280 | 7 |
| **Ethanal** (Acetaldehyd) | Gefahr | GHS02<br>GHS08<br>GHS07 | H224<br>H351<br>H319<br>H335 | 9-10-12-16 |
| **Ethanallösung** (Acetaldehydlösung)<br>$w \geq 10$ % | Achtung | GHS08<br>GHS07 | H351<br>H319<br>H335 | 9-10-12-16 |
| **Ethandiol** | Achtung | GHS07 | H302 | 1-10 |
| **Ethanol** (Brennspiritus) | Gefahr | GHS02 | H225 | 1-10 |
| **Ethen** (Ethylen) | Gefahr | GHS02<br>GHS04<br>GHS07 | H220<br>H280<br>H336 | 7 |
| **Ethin** (Acetylen) | Gefahr | GHS02<br>GHS04 | H220<br>H280<br>EUH006 | 7 |
| **Fehling'sche Lösung I** | Achtung | GHS07 | H302<br>H319<br>H315<br>H410 | 8 |
| **Fehling'sche Lösung II** | Gefahr | GHS05 | H314 | 2 |
| **n-Heptan** | Gefahr | GHS02<br>GHS08<br>GHS07<br>GHS09 | H225<br>H304<br>H315<br>H336<br>H410 | 10-12 |
| **Hexan-1-ol** | Achtung | GHS07 | H302 | 10 |
| **Hex-1-en** | Gefahr | GHS02<br>GHS08 | H225<br>H304 | 10-12 |
| **Hex-1-in** | Gefahr | GHS02<br>GHS08<br>GHS07 | H225<br>H304<br>H315<br>H319<br>H335 | 10-12 |
| **Iod** | Achtung | GHS07<br>GHS09 | H332<br>H312<br>H400 | 1-16 |
| **Iodwasserstoff** | Gefahr | GHS04<br>GHS05 | H314 | 1 |
| **Isobutanol** (2-Methylpropan-1-ol) | Gefahr | GHS02<br>GHS05<br>GHS07 | H226<br>H315<br>H318<br>H336<br>H335 | 10 |
| **Kalium** | Gefahr | GHS02<br>GHS05 | H260<br>H314<br>EUH014 | 6-12-16 |
| **Kaliumcarbonat** | Achtung | GHS07 | H319<br>H315<br>H335 | 1 |
| **Kaliumchlorat** | Gefahr | GHS03<br>GHS07<br>GHS09 | H271<br>H302<br>H332<br>H411 | 1-6 |
| **Kaliumhydroxid** (Ätzkali) | Gefahr | GHS05<br>GHS07 | H302<br>H314<br>H290 | 2 |
| **Kaliumhydroxidlösung** (Kalilauge) | | | | |
| $w \geq 5$ % | Gefahr | GHS05<br>GHS07 | H302<br>H314 | 2 |
| 2 % $\leq w <$ 5 % | Gefahr | GHS05 | H314 | 2 |
| 0,5 % $\leq w <$ 2 % | Achtung | GHS07 | H319<br>H315 | 2 |
| **Kaliumnitrat** | Achtung | GHS03 | H272 | 1 |
| **Kaliumnitrit** | Gefahr | GHS03<br>GHS06<br>GHS09 | H272<br>H301<br>H400 | 1-16 |
| **Kaliumpermanganat** | Gefahr | GHS03<br>GHS07<br>GHS09 | H272<br>H302<br>H410 | 1-6 |
| **Kaliumpermanganatlösung**<br>$w \geq 25$ % | Gefahr | GHS07<br>GHS09 | H302<br>H410 | 1-6 |
| **Kohlenstoffmonooxid** | Gefahr | GHS02<br>GHS04<br>GHS06<br>GHS08 | H220<br>H280<br>H360D<br>H331<br>H372 | 7 |
| **Kupfer**, Pulver | Gefahr | GHS02<br>GHS09 | H228<br>H410 | 3 |
| **Kupferacetat** | Achtung | GHS07<br>GHS09 | H302<br>H315<br>H319<br>H335<br>H410 | 11 |
| **Kupfer(II)-chlorid** | Achtung | GHS07<br>GHS09 | H302<br>H319<br>H315<br>H335<br>H400 | 11 |

| Gefahrstoff | Signalwort | Piktogrammcode | H-Sätze und EUH-Sätze | E-Sätze |
|---|---|---|---|---|
| **Kupfer(II)-chloridlösung**<br>$3\,\% \leq w < 25\,\%$ | Achtung | GHS07 | H302 | 11 |
| **Kupfer(II)-hydroxidcarbonat** (Malachit) | Achtung | GHS07 | H302 | 8-12 |
| **Kupfer(I)-oxid** | Achtung | GHS07<br>GHS09 | H302<br>H410 | 8-16 |
| **Kupfer(II)-oxid** | Achtung | GHS07<br>GHS09 | H302<br>H410 | 8-16 |
| **Kupfer(II)-sulfat, Kupfer(II)-sulfat-Pentahydrat** | Achtung | GHS07<br>GHS09 | H302<br>H319<br>H315<br>H410 | 11 |
| **Kupfer(II)-sulfatlösung**<br>$w \geq 25\,\%$ | Achtung | GHS07<br>GHS09 | H302<br>H319<br>H315<br>H410 | 11 |
| **Lithium** | Gefahr | GHS02<br>GHS05 | H260<br>H314<br>EUH014 | 15-1 |
| **Lithiumchlorid** | Achtung | GHS07 | H302<br>H319<br>H315 | 1 |
| **Magnesium**, Pulver oder Späne (phlegmatisiert) | Gefahr | GHS02 | H228<br>H261<br>H251 | 3 |
| **Mangan(IV)-oxid** (Braunstein) | Gefahr | GHS03<br>GHS07 | H272<br>H332<br>H302 | 3 |
| **Methan** | Gefahr | GHS02<br>GHS04 | H220<br>H280 | 7 |
| **Methanal (Formaldehyd), wasserfrei** | Gefahr | GHS06<br>GHS08<br>GHS05 | H301<br>H311<br>H314<br>H317<br>H330<br>H351 | 10-12-16 |
| **Methanallösung** (Formaldehydlösung)<br>$w \geq 25\,\%$ | Gefahr | GHS06<br>GHS08<br>GHS05 | H351<br>H330<br>H311<br>H301<br>H314<br>H317<br>H335<br>H370 | 10-12-16 |
| $5\,\% \leq w < 25\,\%$ | Gefahr | GHS06<br>GHS08 | H351<br>H331<br>H311<br>H301<br>H319<br>H315<br>H317<br>H335 | 1-10 |
| $0{,}2\,\% \leq w < 5\,\%$ | Gefahr | GHS08<br>GHS07 | H302<br>H317<br>H351 | 1-10 |
| **Methanol** | Gefahr | GHS02<br>GHS06<br>GHS08 | H225<br>H331<br>H311<br>H301<br>H370 | 1-10 |
| **Methansäure**<br>s. Ameisensäure | | | | |
| **Natrium** | Gefahr | GHS02<br>GHS05 | H260<br>H314<br>EUH014 | 6-12-16 |
| **Natriumcarbonat** | Achtung | GHS07 | H319 | 1 |
| **Natriumfluorid** | Gefahr | GHS06 | H301<br>H315<br>H319<br>EUH032 | 5 |
| **Natriumhydroxid** (Ätznatron) | Gefahr | GHS05 | H290<br>H314 | 2 |
| **Natriumhydroxidlösung** (Natronlauge)<br>$w \geq 2\,\%$ | Gefahr | GHS05 | H290<br>H314 | 2 |
| $0{,}5\,\% \leq w < 2\,\%$ | Achtung | GHS07 | H315<br>H319 | 1 |
| **Natriumiodid** | Achtung | GHS09 | H400 | 6-12-16 |
| **Natriumnitrat** | Gefahr | GHS03<br>GHS07 | H272<br>H302 | 1 |
| **Natriumnitrit** | Gefahr | GHS03<br>GHS06<br>GHS09 | H272<br>H301<br>H400 | 1-16 |
| **Natriumoxalat** | Achtung | GHS07 | H302<br>H312 | |
| **Natriumsulfid** | Gefahr | GHS08<br>GHS07<br>GHS09 | H302<br>H332<br>H360Df<br>H373<br>H410 | 1 |
| **n-Octan** | Gefahr | GHS02<br>GHS08<br>GHS07<br>GHS09 | H225<br>H304<br>H315<br>H336<br>H410 | 10-12 |
| **Octan-1-ol** | Achtung | GHS07 | H319 | 10 |
| **Oxalsäure** | Achtung | GHS07 | H312<br>H302 | 5 |
| **Oxalsäurelösung**<br>$w \geq 5\,\%$ | Achtung | GHS07 | H312<br>H302 | 5 |
| **n-Pentan** | Gefahr | GHS02<br>GHS08<br>GHS07<br>GHS09 | H225<br>H304<br>H336<br>H411<br>EUH066 | 10-12 |
| **Pentan-1-ol** | Achtung | GHS02<br>GHS07 | H226<br>H315<br>H332<br>H335 | 10-14 |
| **Petrolether** (Leichtbenzin) | Gefahr | GHS02<br>GHS08<br>GHS07<br>GHS09 | H225<br>H304<br>H315<br>H336<br>H411 | 10-12 |
| **Petroleum** | Gefahr | GHS08 | H304 | 10-12 |
| **Petroleumbenzin** | Gefahr | GHS02<br>GHS08<br>GHS07<br>GHS09 | H225<br>H304<br>H315<br>H336<br>H361f<br>H373<br>H411 | 10-12 |
| **Phenolphthaleinlösung** (ethanolisch, $w > 1\,\%$) | Gefahr | GHS02 | H225 | 1-10 |

| Gefahrstoff | Signalwort | Piktogrammcode | H-Sätze und EUH-Sätze | E-Sätze |
|---|---|---|---|---|
| **Phosphor**, rot | Gefahr | GHS02 | H228<br>H412 | 6-9 |
| **Phosphor(V)-oxid** | Gefahr | GHS05 | H314 | 2 |
| **Phosphorsäure**<br>$w \geq 25$ % | Gefahr | GHS05 | H290<br>H314 | 2 |
| $10\,\% \leq w < 25$ % | Achtung | GHS07 | H319<br>H315 | 1 |
| **Propan** | Gefahr | GHS02<br>GHS04 | H220<br>H280 | 7 |
| **Propanal** | Gefahr | GHS02<br>GHS07 | H225<br>H319<br>H335<br>H315 | 9-10-12-16 |
| **Propan-1-ol** | Gefahr | GHS02<br>GHS05<br>GHS07 | H225<br>H318<br>H336 | 10 |
| **Propan-2-ol** | Gefahr | GHS02<br>GHS07 | H225<br>H319<br>H336 | 10 |
| **Propanon**<br>s. Aceton | | | | |
| **Propansäure**<br>(Propionsäure)<br>$10\,\% \leq w < 25$ % | Gefahr | GHS02<br>GHS05 | H326<br>H314 | 2 |
| **Resorcin**<br>(1,3-Dihydroxybenzol) | Achtung | GHS07<br>GHS09 | H302<br>H319<br>H315<br>H400 | 10 |
| **Rohöl** (synthetisch) | Gefahr | GHS02<br>GHS07<br>GHS09 | H224<br>H315<br>H336<br>H411 | 10-12 |
| **Salpetersäure**<br>$w \geq 65$ % | Gefahr | GHS03<br>GHS05 | H272<br>H290<br>H314 | 2 |
| $5\,\% \leq w < 65$ % | Gefahr | GHS05 | H314 | 2 |
| **Salzsäure**<br>$w \geq 25$ % | Gefahr | GHS05<br>GHS07 | H314<br>H335 | 2 |
| $10\,\% \leq w < 25$ % | Achtung | GHS07 | H315<br>H319<br>H335 | 2 |
| **Sauerstoff** | Gefahr | GHS03<br>GHS04 | H270<br>H280 | 7 |
| **Schiffs Reagenz** | Achtung | GHS07 | H319<br>H335 | 2 |
| **Schwefel** | Achtung | GHS07 | H315 | 3 |
| **Schwefeldioxid** | Gefahr | GHS04<br>GHS06<br>GHS05 | H331<br>H314<br>H280<br>EUH071 | 7 |
| **Schwefelsäure**<br>$w \geq 15$ % | Gefahr | GHS05 | H290<br>H314 | 2 |
| $5\,\% \leq w < 15$ % | Gefahr | GHS05 | H290<br>H319<br>H315 | 2 |
| **Schwefelwasserstoff** | Gefahr | GHS02<br>GHS04<br>GHS06<br>GHS09 | H220<br>H330<br>H400 | 2-7 |
| **Schwefelwasserstofflösung**<br>$0{,}1\,\% \leq w \leq 1$ % | Achtung | GHS07 | H332 | 2 |
| **Schweflige Säure**<br>$w \geq 5$ % | Gefahr | GHS05<br>GHS07 | H332<br>H314 | 2 |
| $0{,}5\,\% \leq w < 5$ % | Gefahr | GHS07 | H332<br>H314 | |
| **Silbernitrat** | Gefahr | GHS03<br>GHS05<br>GHS09 | H272<br>H314<br>H410 | 12-13-14 |
| **Silbernitratlösung**<br>$5\,\% \leq w \leq 10$ % | Achtung | GHS07 | H319<br>H315 | 12-13-14 |
| **Silberoxid** | Gefahr | GHS03<br>GHS05 | H272<br>H314<br>EUH044 | 12-13-14 |
| **Strontiumchlorid** | Achtung | GHS07 | H319<br>H315<br>H335 | 1-11 |
| **Styrol** | Achtung | GHS02<br>GHS08<br>GHS07 | H226<br>H304<br>H332<br>H335<br>H319<br>H315<br>H372 | 10-12 |
| **Wasserstoff** | Gefahr | GHS02<br>GHS04 | H220<br>H280 | 7 |
| **Wasserstoffperoxidlösung**<br>$30\,\% \leq w < 50$ % | Gefahr | GHS03<br>GHS05<br>GHS07 | H271<br>H332<br>H302<br>H314<br>H335 | 1 |
| $8\,\% \leq w < 30$ % | Gefahr | GHS05<br>GHS07 | H302<br>H318 | 1 |
| $5\,\% \leq w < 8$ % | Achtung | GHS07 | H332<br>H302<br>H319 | 1 |
| **Weinsäure** | Gefahr | GHS05 | H138 | 1-10 |
| **Zink**, Pulver o. Staub (stabilisiert) | Achtung | GHS09 | H410 | 3 |
| **Zinkbromid** | Gefahr | GHS05<br>GHS09 | H314<br>H410 | 1-11 |
| **Zinkchlorid** | Gefahr | GHS05<br>GHS07<br>GHS09 | H302<br>H314<br>H335<br>H410 | 1-11 |
| **Zinkchloridlösung**<br>$5\,\% \leq w < 10$ % | Achtung | GHS07 | H319<br>H315 | 1-11 |
| **Zinkiodid** | Gefahr | GHS07 | H319<br>H315 | 12-16 |
| **Zinkoxid** | Achtung | GHS09 | H410 | 3 |
| **Zinksulfat**, wasserfrei | Gefahr | GHS05<br>GHS07<br>GHS09 | H302<br>H318<br>H410 | 1-11 |
| **Zinn(II)-chlorid** | Achtung | GHS07 | H302<br>H315<br>H317<br>H319<br>H335 | 1-11 |

# Einfache Laborgeräte

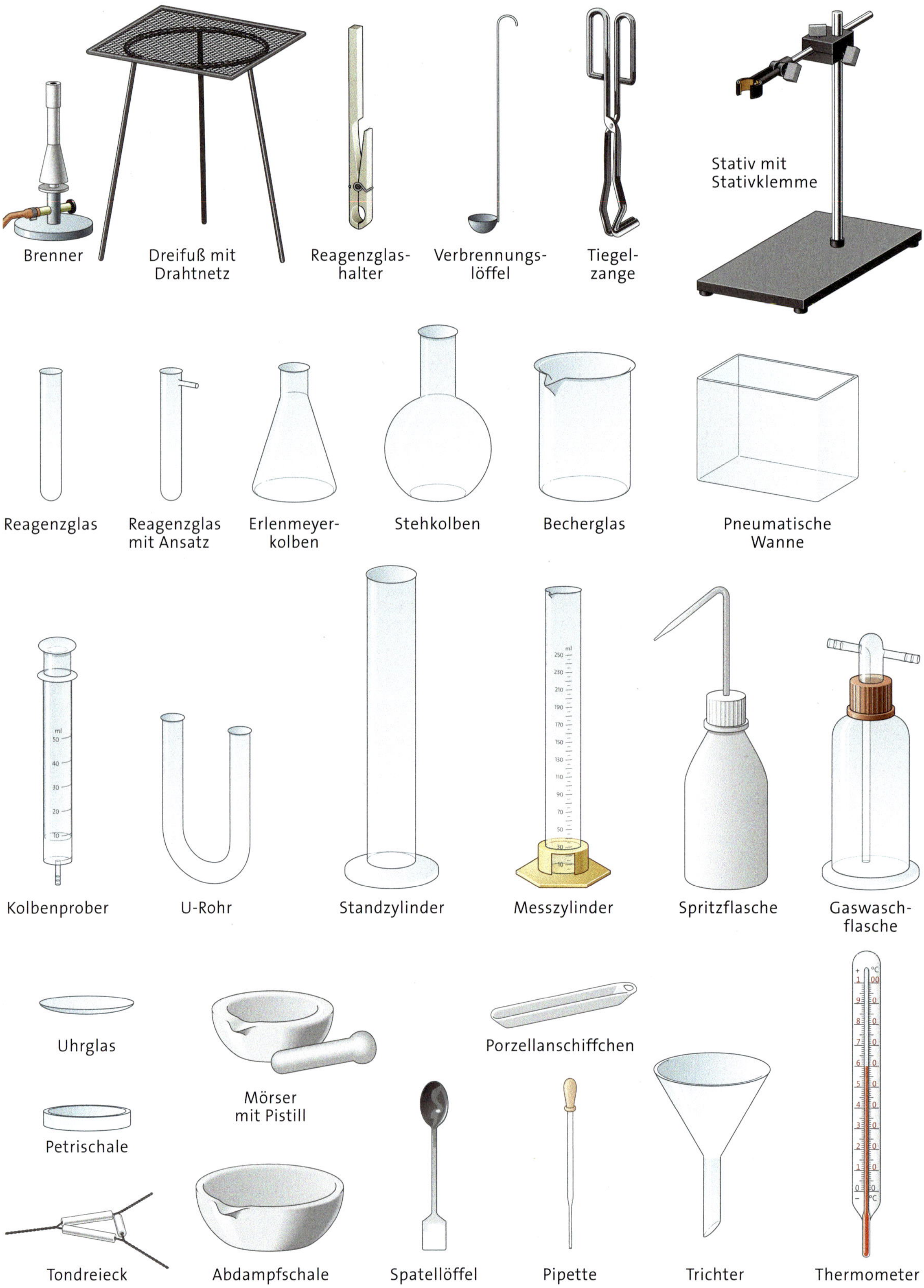

# Wichtige Größen in der Chemie

## Größen in der Chemie

| Größe | Formelzeichen | Einheit |
|---|---|---|
| Masse | $m$ | kg, g |
| Volumen | $V$ | $m^3$, ℓ |
| Stoffmenge | $n$ | mol |
| molare Masse | $M$ | g/mol |
| molares Volumen | $V_m$ | ℓ/mol |
| Teilchenanzahl | $N$ | 1 |
| Dichte | $\varrho$ | $kg/m^3$, $g/cm^3$, g/ℓ |
| Massenanteil | $w$ | 1, % |
| Volumenanteil | $\varphi$ | 1, % |
| Massen-konzentration | $\beta$ | g/ℓ |
| Stoffmengen-konzentration | $c$ | mol/ℓ |
| Temperatur | $T$, $\vartheta$ | K, °C |

## Größengleichungen in der Chemie

| | |
|---|---|
| **Dichte** | $\varrho = \frac{m}{V}$<br>$\varrho = \frac{M}{V_m}$ |
| **molare Masse** | $M = \frac{m}{n}$ |
| **molares Volumen** | $V_m = \frac{V}{n}$ |
| **Massenanteil** | $w(\text{Stoff}) = \frac{m(\text{Stoff})}{m(\text{Stoffgemisch})}$ |
| **Volumenanteil** | $\varphi(\text{Stoff}) = \frac{V(\text{Stoff})}{V(\text{Stoffgemisch})}$ |
| **Massen-konzentration** | $\beta(\text{Stoff}) = \frac{m(\text{Stoff})}{V(\text{Stoffgemisch})}$ |
| **Stoffmengen-konzentration** | $c(\text{Stoff}) = \frac{n(\text{Stoff})}{V(\text{Stoffgemisch})}$ |

## Vorsätze von Einheiten (Auswahl)

| Vorsatz | Kurzzeichen | Faktor, mit dem die Einheit multipliziert wird | |
|---|---|---|---|
| Giga | G | 1 000 000 000 | $(10^9)$ |
| Mega | M | 1 000 000 | $(10^6)$ |
| Kilo | k | 1 000 | $(10^3)$ |
| Hekto | h | 100 | $(10^2)$ |
| Dezi | d | 0,1 | $(10^{-1})$ |
| Zenti | c | 0,01 | $(10^{-2})$ |
| Milli | m | 0,001 | $(10^{-3})$ |
| Mikro | µ | 0,000 001 | $(10^{-6})$ |
| Nano | n | 0,000 000 001 | $(10^{-9})$ |

## Konstanten in der Chemie

| | |
|---|---|
| **Normdruck $p_n$** | $p_n = 1013\,\text{hPa}$ |
| **Normtemperatur $T_n$** | $T_n = 273{,}15\,\text{K}$ |
| **Molares Volumen eines idealen Gases im Normzustand $V_{m,n}$** | $V_{m,n} = 22{,}4$ ℓ/mol |
| **Avogadro-Konstante $N_A$** | $N_A = 6{,}022\,136\,7 \cdot 10^{23}\,\text{mol}^{-1}$ |

# Register

Allgemeiner Hinweis zu den in diesem Lehrwerk abgebildeten Personen: Soweit in diesem Lehrwerk Personen fotografisch abgebildet sind und ihnen von der Redaktion fiktive Namen, Berufe, Dialoge und Ähnliches zugeordnet oder diese Personen in bestimmte Kontexte gesetzt werden, dienen diese Zuordnungen und Darstellungen ausschließlich der Veranschaulichung und dem besseren Verständnis des Inhalts.

# Bildnachweis

Titelbild: Fotolia/puwanai | Brand, Dr. Andreas/Mineralienatlas.de: 71/5 | Clip Dealer/Heike Brauer: 101/4 | Corbis: 63/D r., A. Inden: 50/1, Biosphoto/Sergi Garcia Fernandez: 104/1, Peet Simard: 100/1, Westend61/Andreas Pacek: 70/2 | Döring, V., Hohen Neuendorf: 13/4 l., 13/4 m., 13/4 r., 14/2, 39/5, 42/u.l., 48/2, 54/3-4, 70/1 l., 70/1 r., 72/ 1 r., 72/1 l., 72/1 m., 72/3 l., 72/3 m., 72/3 r., 80/1, 80/2 r., 82/3, 83/1, 94/1, 95/4 | Duales System Deutschland AG: 105/4 o.l. | Fotolia/Africa Studio: 35/m.l., 45/4, 62/B, Andrea Wilhelm: 20/1, Antonio Gravante: 9/o., Cpro: 15/6, Denys Kurbatov: 99/5, digitalstock: 98/1, djama: 79/1, Dmitry Naumov: 106/u.l., Dreadlock: 63/C, Es75: 18/1, ExQuisine: 34/u.r., Floydine: 23/3, Gerhard Seybert: 93/u.r., Gina Sanders: 86/1, Gjermund Alsos: 80/2 l., goodluz: 65/u.r., Gresei: 29/3 l., Hetizia: 49/5, Ideenkoch: 98/1 u.r., José 16: 103/5, kungverylucky: 102/1, larcobasso: 9/m.r., Leandervasse: 29/5, LiliGraphie: 62/A, M.studio: 56/3, Malyshchyts Viktar: 22/1, Marina Lohrbach: 28/1, Monkey Business: 5 l., 64/1, monticellllo: 109/3, Nik Merkulov: 27/4, 17/r. o., Patryk Kosmider: 97/1, perfectmatch: 16/1, Peter Atkins: 106/1 l., philippe Devanne: 107/2, photocrew: 13/6, puje: 109/4, R.103/4, saobaka: 44/1, Schlierner: 65/m.l., Shirinov Angela: 91/C, teen00000: 44/1 r., Thomas Siepmann: 99/3, wolfelarry: 109/5, womue: 76/1, yanlev: 5 r., 92/1 | imago: 72/2, blickwinkel: 113/D | Mahler, Fotograf, Berlin: 24/2, 53/4 l., 53/4 r. | mauritius images/Alamy: 23/5, 65/o.r., 67/6, Phototake: 20/3, United Archives: 46/1 | Minkus, Volker: 66/3 o., 66/3 m, 66/3 u., 81/5 | picture-alliance/dpa: 66/1, Ulrich Baumga: 105/5, ZB: 46/2 | Röhl, Stephan: 15/7 | Ruhmke, S., Berlin: 77/3 | Shutterstock/5 second Studio: 47/5, A Jellema: 48/1, aaltair: 42/1, Aaron Amat: 106/1 r., Africa Studio: 9/o.l., 52/3, 57/5, al1962: 28/2, Alexandr Makarov: 27/3, Alexandru Marian: 94/3, Alila Medical Media: 21/5, Alison Hancock: 104/2, Andrei Medvedev: 99/4, bonchan: 26/o.r., Chalermsak: 29/1, Christopher Meder: 38/1, Dandesign86: 101/5, Dar1930: 14/1, Denphumi: 63/D l., Diana Taliun: 17/8, Foodpictures: 32/B, GeniusKp: 74/1, gorillaimages: 93/o.r., grafvision: 35/u.r., ifong: 57/4, Inga Nielsen: 23/4, 38/2, Luis Carlos Jimenez del rio: 46/3, MaraZe: 56/1, MARCELODLT: 21/6, marco mayer: 13/5, Niki Love: 54/1, Oleksiy Mark: 93/m.l., Olga Mark: 90/B, oticki: 4 l., 34/1, Perfect Lazybones: 50/2, Photocrea: 108/1, PhotographyByMK: 37/1, Photology1971: 12/1, pzAxe: 33/D, Sean Pavone: 84/1, sezer66: 107/4, Sinisa Botas: 112/A, Szasz-Fabian Ilka Erika: 26/1, tarapong srichaiyos: 44/2, Tomophafan: 55/5, TunedIn by Westend61: 4 r., 8/1, Valentina Razumova: 35/o.r, Volodymyr Burdiak: 55/6, www.BillionPhotos.com: 45/5, Yuri Samsonov: 85/5

# Periodensystem der Elemente

| Farbe | Bedeutung |
|---|---|
| blau | Metall |
| grün | Halbmetall |
| gelb | Nichtmetall |

schwarz = Feststoff
weiß = Flüssigkeit
rot = Gas
hellblau = künstliches Element
* = radioaktives Element

[1] = Gruppennummerierung IUPAC (1989): Gruppennummern 1 bis 18
[2] = vorläufiges IUPAC-Symbol

| Periode | 1[1]<br>I. Hauptgruppe | 2<br>II. Hauptgruppe | 3<br>III. Nebengruppe | 4<br>IV. Nebengruppe | 5<br>V. Nebengruppe | 6<br>VI. Nebengruppe | 7<br>VII. Nebengruppe | 8<br>VIII. Nebengruppe | 9<br>VIII. Nebengrup |
|---|---|---|---|---|---|---|---|---|---|
| 1 | 1 1,008<br>2,1 **H**<br>Wasserstoff | | | | | | | | |
| 2 | 3 6,94<br>1,0 **Li**<br>Lithium | 4 9,01<br>1,5 **Be**<br>Beryllium | | | | | | | |
| 3 | 11 22,99<br>0,9 **Na**<br>Natrium | 12 24,31<br>1,2 **Mg**<br>Magnesium | | | | | | | |
| 4 | 19 39,10<br>0,8 **K**<br>Kalium | 20 40,08<br>1,0 **Ca**<br>Calcium | 21 44,96<br>1,3 **Sc**<br>Scandium | 22 47,88<br>1,5 **Ti**<br>Titan | 23 50,94<br>1,6 **V**<br>Vanadium | 24 51,996<br>1,6 **Cr**<br>Chrom | 25 54,94<br>1,5 **Mn**<br>Mangan | 26 55,85<br>1,8 **Fe**<br>Eisen | 27 58<br>1,8<br>Cobalt |
| 5 | 37 85,47<br>0,8 **Rb**<br>Rubidium | 38 87,62<br>1,0 **Sr**<br>Strontium | 39 88,91<br>1,3 **Y**<br>Yttrium | 40 91,22<br>1,4 **Zr**<br>Zirconium | 41 92,91<br>1,6 **Nb**<br>Niob | 42 95,94<br>1,8 **Mo**<br>Molybdän | 43 [98]<br>1,9 **Tc***<br>Technetium | 44 101,07<br>2,2 **Ru**<br>Ruthenium | 45 102<br>2,2<br>Rhodium |
| 6 | 55 132,91<br>0,7 **Cs**<br>Caesium | 56 137,33<br>0,9 **Ba**<br>Barium | 57 138,91<br>1,1 **La**<br>Lanthan ● | 72 178,49<br>1,3 **Hf**<br>Hafnium | 73 180,95<br>1,5 **Ta**<br>Tantal | 74 183,84<br>1,7 **W**<br>Wolfram | 75 186,21<br>1,9 **Re**<br>Rhenium | 76 190,23<br>2,2 **Os**<br>Osmium | 77 192<br>2,2<br>Iridium |
| 7 | 87 [223]<br>0,7 **Fr***<br>Francium | 88 226,03<br>0,9 **Ra***<br>Radium | 89 227,03<br>1,1 **Ac***<br>Actinium ●● | 104 [261]<br>**Rf***<br>Rutherfordium | 105 [262]<br>**Db***<br>Dubnium | 106 [266]<br>**Sg***<br>Seaborgium | 107 [264]<br>**Bh***<br>Bohrium | 108 [277]<br>**Hs***<br>Hassium | 109 [2<br>**M**<br>Meitnerium |

Ordnungszahl — 7
Atommasse in u — 14,007
Elektronegativitätswert — 3,0
Symbol — **N**
Name — Stickstoff

Die Atommassen in eckigen Klammern beziehen sich auf das längstlebige gegenwärtig bekannte Isotop des betreffenden Elements.

## ● Elemente der Lanthanreihe (Lanthanoide)

| Periode | | | | | |
|---|---|---|---|---|---|
| 6 | 58 140,12<br>1,1 **Ce**<br>Cer | 59 140,91<br>1,1 **Pr**<br>Praseodym | 60 144,24<br>1,2 **Nd**<br>Neodym | 61 [145]<br>1,2 **Pm***<br>Promethium | 62 150<br>1,2 **S**<br>Samarium |

## ●● Elemente der Actiniumreihe (Actinoide)

| Periode | | | | | |
|---|---|---|---|---|---|
| 7 | 90 232,04<br>1,3 **Th***<br>Thorium | 91 231,04<br>1,5 **Pa***<br>Protactinium | 92 238,03<br>1,7 **U***<br>Uran | 93 [237]<br>1,3 **Np***<br>Neptunium | 94 [2<br>1,3 **P**<br>Plutonium |